杭州木版水印技艺

总主编 褚子育

浙江省非物质文化遗产代表作丛书

浙江摄影出版社

陈冬云 魏立中 编著

浙江省非物质文化遗产
代表作丛书编委会
（第四批国遗项目）

总 序

中共浙江省委书记
浙江省人大常委会主任 车俊

　　非物质文化遗产是一个民族的精神印记，是一个地方的文化瑰宝。浙江作为中华文明的重要发祥地，在悠久的历史长河中孕育了璀璨夺目、蔚为壮观的非物质文化遗产。隆重恢弘的轩辕祭典、大禹祭典、南孔祭典等，见证了浙江民俗的源远流长；引人入胜的白蛇传传说、梁祝传说、西施传说、济公传说等，展示了浙江民间文学的价值底蕴；婉转动听的越剧、绍剧、瓯剧、高腔、乱弹等，彰显了浙江传统戏剧的独特魅力；闻名遐迩的龙泉青瓷、绍兴黄酒、金华火腿、湖笔等，折射了浙江传统技艺的高超精湛……这些非物质文化遗产，鲜活而生动地记录了浙江人民的文化创造和精神追求。

　　习近平总书记在浙江工作期间，高度重视文化建设。他在"八八战略"重大决策部署中，明确提出要"进一步发挥浙江的人文优势，积极推进科教兴省、人才强省，加快建设文化大省"，亲自部署推动一系列传统文化保护利用的重点工作和重大工程，并先后6次对非物质文化遗产保护作出重要批示，为浙江文化的传承和复兴注入了时代活力、奠定了坚实基础。历届浙江省委坚定不移沿着习近平总书记指引的路子走下去，坚持一张蓝图绘到底，一年接着一年干，推动全省文化建设实现了从量的积累向质的飞跃，在打造全国非物质文化遗产保护高地上迈出了坚实的步伐。已经公布的四批国家级非物质文化遗产名录中，浙江以总数217项蝉联"四连冠"，这是文化浙江建设结出的又一硕果。

历史在赓续中前进，文化在传承中发展。党的十八大以来，习近平总书记站在建设社会主义文化强国的战略高度，对弘扬中华优秀传统文化作出一系列深刻阐述和重大部署，特别是在十九大报告中明确要求，加强文物保护利用和文化遗产保护传承。这些都为新时代非物质文化遗产保护工作指明了前进方向。我们要以更加强烈的文化自觉，进一步深入挖掘浙江非物质文化遗产所蕴含的思想观念、人文精神、道德规范，结合时代要求加以创造性转化、实现创新性发展，努力使优秀传统文化活起来、传下去，不断满足浙江人民的精神文化需求、丰富浙江人民的精神家园。我们要以更加坚定的文化自信，进一步加强对外文化交流互鉴，积极推动浙江的非物质文化遗产走出国门、走向世界，讲好浙江非遗故事，发出中华文明强音，让世界借由非物质文化遗产这个窗口更全面地认识浙江、更真实地读懂中国。

现在摆在大家面前的这套丛书，深入挖掘浙江非物质文化遗产代表作的丰富内涵和传承脉络，是浙江文化研究工程的优秀成果，是浙江重要的"地域文化档案"。从2007年开始启动编撰，到本次第四批30个项目成书，这项历时12年的浩大文化研究工程终于画上了一个圆满句号。我相信，这套丛书将有助于广大读者了解浙江的灿烂文化，也可以为推进文化浙江建设和非物质文化遗产保护提供有益的启发。

前　言

浙江省文化和旅游厅党组书记、厅长　褚子育

　　"东南形胜，三吴都会，钱塘自古繁华。"秀美的河山、悠久的历史、丰厚的人文资源，共同孕育了浙江多彩而又别具特色的文化，在浙江大地上散落了无数的文化瑰宝和遗珠。非物质文化遗产保护工程，在搜集、整理、传播和滋养优秀传统文化中发挥了巨大的作用，浙江也无愧于走在前列的要求。截至目前，浙江共有8个项目列入联合国教科文组织人类非遗代表作名录、2个项目列入急需保护的非遗名录；2006年以来，国务院先后公布了四批国家级非物质文化遗产名录，浙江217个项目上榜，蝉联"四连冠"；此外，浙江还拥有886个省级非遗项目、5905个市级非遗项目、14644个县级非遗项目。这些非物质文化遗产，是浙江历史的生动见证，是浙江文化的重要体现，也是中华优秀传统文化的结晶，华夏文明的瑰宝。

　　如果将每一个"国家级非遗项目"比作一座宝藏，那么您面前的这本"普及读本"，就是探寻和解码宝藏的一把钥匙。这217册读本，分别从自然环境、历史人文、传承谱系、代表人物、典型作品、保护发展等入手，图文并茂，深入浅出，多角度、多层面地揭示浙江优秀传统文化的丰富内涵，展现浙江人民的精神追求，彰显出浙江深厚的文化软实力，堪

称我省非遗保护事业不断向纵深推进的重要标识。

这套丛书，历时12年，凝聚了全省各地文化干部、非遗工作者和乡土专家的心血和汗水：他们奔走于乡间田野，专注于青灯黄卷，记录、整理了大量流失在民间的一手资料。丛书的出版，也得到了各级党政领导，各地文化部门、出版部门等的大力支持！作为该书的总主编，我心怀敬意和感激，在此谨向为这套丛书的编纂出版付出辛勤劳动，给予热情支持的所有同志，表达由衷的谢意！

习近平总书记指出："每一种文明都延续着一个国家和民族的精神血脉，既需要薪火相传、代代守护，更需要与时俱进、勇于创新。"省委书记车俊为丛书撰写了总序，明确要求我们讲好浙江非遗故事，发出中华文明强音，让世界借由非物质文化遗产这个窗口更全面地认识浙江、更真实地读懂中国。

新形势、新任务、新要求，全省文化和旅游工作者能够肩负起这一光荣的使命和担当，进一步推动非遗创造性转化和创新性发展，讲好浙江故事，让历史文化、民俗文化"活起来"；充分利用我省地理风貌多样、文化丰富多彩的优势，保护传承好千百年来文明演化积淀下来的优秀传统文化，进一步激活数量巨大、类型多样、斑斓多姿的文化资源存量，唤醒非物质文化遗产所蕴含的无穷魅力，努力展现"浙江文化"风采，塑造"文化浙江"形象，让浙江的文脉延续兴旺，为奋力推进浙江"两个高水平"建设提供精神动力、智力支持，为践行"'八八战略'再深化，改革开放再出发"注入新的文化活力。

目录

在印刷史上，中国人的发明是多方面的。除了人们熟知的雕版印刷术、活字印刷术外，木版水印同样也是中国人民对世界印刷史的一项重大贡献。木版水印技艺是全世界最早的彩色印刷术，以木材为版、以水溶性材料为颜料，集绘画、雕刻和印刷为一体，根据水墨渗透原理显示笔触墨韵，素有中国印刷史的"活化石"之称。

树有其根，水有其源。纵观历史，杭州木版水印技艺始于隋唐，日臻成熟于宋代，而盛于明代。明代胡正言创立的"十竹斋"是中国版画艺术和印刷艺术的典范，它集绘、刻、印于一体，以饾版、拱花等印制技法，将版画印刷术中最复杂、最精美的木版水印技艺推向极致。二十世纪五十年代，张根源、陈品超、徐银森、俞泓、王刚等人重新翻刻了《十竹斋印谱》，使杭州木版水印技艺得以延续。

传承历史文脉，守护城市记忆。多年来，在省市有关部门特别是浙江省文化和旅游厅的大力指导下，下城区委、区政府积极推进木版水印技艺的保护与传承，制定振兴计划、建立名录体系、健全保护机制、搭建传播平台，大力支持几代艺术家、工匠传承传播该"非遗"文化。木版水印技艺在内容创新、技艺提升、人才培养、普及推广、理论研究等多个方面均取得了可喜的成绩，已入选第四批国家级非物质文化遗产代表性项目名录、第一批中国传统工艺振兴计划项目。

2001年，师从陈品超的木版水印技艺国家级代表性传承人魏立中在下城区创立了杭州十竹斋艺术馆，使木版水印这项古老的技艺得到更好的传承和保护。在套色技艺上，由水墨淡彩发展到根据原作需求采用矿物颜料重彩；在创作内容上，由复制现代书画拓展至古代名画，还创作了木刻文化名人肖像印；在对外交流上，推动木板水印技艺走出下城、走向世界，代表作《一团和气》《千手千眼观音》《廿四节气》等精品在中外多家图书馆、博物馆展出并被收藏。

　　不忘历史才能开辟未来，善于继承才能善于创新。为总结成果经验、促进科学传承、延续历史文脉，下城区"非遗"中心与杭州十竹斋艺术馆共同编辑出版了《杭州木版水印技艺》，较为详细地阐述了木版水印的历史渊源、工艺特色、传承发展及社会影响，反映了传承人不忘初心、持之以恒、精益求精的匠心精神和艰苦奋斗、勇于探索、敢于拼搏的创新精神。希望此书的出版对杭州木版水印技艺的传承、发展起到积极的推动作用，使该非遗项目薪火相传、生生不息，使优秀传统文化在创造性转化、创新性发展中，焕发新的生机与活力。

　　是为序。

中共杭州市下城区委书记　刘　颖

一、杭州木版水印技艺的渊源

木版水印技艺在中国有着悠久的历史传统。而最迟在吴越国王钱俶执政期间（948—978），木版水印已经在杭州形成气候。明清时，饾版、拱花等技法又将杭州木版水印推向高峰。

一、杭州市版水印技艺的渊源

[壹]隋唐形成雕版印刷

　　中国雕版印刷术的起源可以追溯到殷商时期甲骨、钟鼎、石鼓、印章的镌刻，以及战国秦汉时期印制纺织品所用的凸纹版和镂空版印花技术。随着汉代蔡伦发明了造纸术，纸张的问世实现了从雕刻到转印的各项技术在纸上的完美结合，形成了迄今仍在绵延传承的技术形态。东汉建安年间（196—220）出现的造纸术、拓印术

商代甲骨文

战国铜印

给雕版印刷术的出现提供了直接的经验性的启示，而用纸在石碑上进行墨拓的方法，直接为雕版印刷指明了方向。隋唐时，造纸技术比前代有了长足的进步，这首先表现在纸药的发明和使用上。"纸药"指造纸过程中起悬浮剂作用的某些植物浆液，用以改善纸浆性能。除了发明纸药外，隋唐时还开发出各种厚度、不同品种的纸张。此外，唐代纺织品印染技术非常发

唐 狩猎纹印花绢

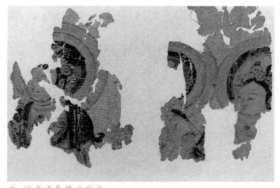

唐 纸本设色佛画残片

明 达摩石刻线画

达，能使用多色谱的植物颜料，采用凸花型版、镂空型版等工艺。刻、印、纸技术三者相互启发，相互融合，再加上从业者的经验和智慧，雕版印刷技术应运而生了。世界上现存最古老的印刷品，是中国于唐咸通九年（868）雕版印刷的佛典《金刚般若波罗蜜经》，其扉页画《祇树给孤独园》的刻工技术之高超，印刷效果之精美，令人叹为观止。这幅画制作技艺完美成熟的程度，帮助我们做出这样的判断：《金刚般若波罗蜜经》扉页画作

碑拓工具

品问世之前，中国传统版画已经经过了相当一段时间的、由雏形至成熟的演进和发展历史，最迟在隋末唐初（618—649）就形成了雕版印刷术。唐长庆年间（821—824），白居易的作品即常被人"缮写模勒，炫卖于市井"。而唐僖宗中和二年（882）的《剑南西川成都府樊赏家历书》，可以证明雕版印刷在唐代已经很流行。另据考，五代后唐明宗长兴三年（932），官府命国子监主持书籍刊刻工作。书籍采用雕版印刷，成为"监本"。

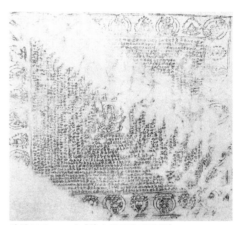

最早版画——唐《梵文陀罗尼经咒图》

唐懿宗咸通九年（868）王玠刻制《金刚经》扉页画

[贰]五代应运而起的木版水印

923年，钱镠建立吴越国，因国小力弱，因此，采取了保境安民的政策，渐渐经济繁荣，人文荟萃，都城杭州"舟楫辐辏，望之不见首尾"。吴越王想用佛教来巩固统治,于是竭力刻印佛经、佛画,客观上推动了杭州地区木版水印的早期生成和发展应用。考古发现,吴越国第五任国王钱俶(929—988)刊刻了《一切如来心秘密全身舍利宝箧印陀罗尼经》八万四千卷,扉页画为精美的木版刊刻,这表明,最迟在五代钱俶执政期间(948—978),木版水印已经在杭州形成气候。武林版画便从此肇始。武林派是历史上一个十分著名的雕版流派。武林,即今杭州地区及周边区域。自此,杭州在雕版印刷方面开始了很好的地域传承,从五代开始,及宋元以后,一直是全国的雕版印刷中心:吴越王钱俶大量刻印经卷图籍,流通各地;北宋时,越州僧知礼刻有弥勒佛及菩萨;南宋时,书铺林立,云集在瓦子街、众安桥、太庙、凤凰山下等地,刊刻的书籍中出现了大量木版水印图画;明清时,饾版、拱花等技法将版画推向高峰。后世把杭州的木版水印画通称为"武林版画",其采用的技法即为"杭州木版水印技艺"。

[叁]宋元日臻成熟的木版水印

宋代崇文治国,公私刻书之风大盛,雕版印刷使用范围由佛经、佛画逐渐延伸到历书、医书、经书、子书、文集和占梦等种类的书的刊印上,中央和地方政府都有管理印刷的机构,图书出版业全面发展。官印书籍不少由杭州地方政府负责刻版印刷,使以杭州为中心的浙江地区成为全国三大刻书印刷中心之一。特别是南宋建都杭州后，旧存的汴梁国子监版毁弃，在恢复和重建过程中，官府调集各地方书版到杭州，或直接依靠地方力量搜集书版进行刻印。当时，民间书坊围绕着杭州兴起，最多时，杭州曾有二三十家民间书坊，大多聚集在如今的中山路一带。当时，三家陈姓字号是杭州有名的书坊：一为陈起、陈续芸父子开设于棚北大街睦亲坊的书籍铺所刻图书是宋版书中书棚本的杰出代表；二为陈思所开书籍铺，也位于棚北大街；三为鞔鼓桥（亦称洪桥子）南河西岸的陈宅书籍铺。三家陈氏书籍铺之外，太庙前尹家书籍铺也刻书较多，还有荣六郎家书籍铺、猫儿桥河东岸开笺纸马铺钟家、钱塘门里车桥南大街郭宅书铺、王八郎家经铺等，不胜枚举，从中可看出南宋杭州刻版印刷盛况。

宋代的刊刻，纸墨俱佳，写刻精良。明高濂《燕闲清赏笺》云："宋人之书，纸坚刻软，字画如写，格用单边，间多讳字，用墨稀薄，虽着水湿，燥无湮迹。开卷，一种书香，自生异味。"清孙从添《藏书纪要》云："若果南北宋刻本，纸质罗纹不同，字画刻手古劲而雅。墨气香淡，纸色苍润，展卷便有惊人之处。"可见，大部分的宋本雕印十分精美，其本身就是艺术品，具有很高的欣赏价值，其版式特征亦成为明、清雕版印刷的范式。如果说宋版书是中国书籍出版的高原，那么两宋时期的杭州刻书则是高原上的高峰。宋代杭州的刻书不但写刻精良，而且数量很多，有王国维《两浙古刊本考》可证：

"杭州府刻版有一百八十二种，而嘉兴、湖州、宁波等地就有刻书三百余种，大部分为宋版书中之佳品。"宋代叶梦得在《石林燕语》也说过"今天下印书，以杭州为上"这样的话。在数量上，入元后，尤以杭州西湖书院刻印数最为庞大，其原因就是西湖书院为宋时太学故址，原藏经、史、子、集四部书版多达20余万片，几乎是浙江版刻总汇。

雕版印刷开始时只有单色印刷，后出现将几种不同的色料同时上在一块板上的不同部位，一次印于纸上，印出彩色印张的方法，称"单版复色印刷法"。"复色"是印刷发展的关键转折点之一。宋代曾用这种方法印过当时发行的纸币——会子。但单版复色印刷，色料容易混杂渗透，而且色块界限分明，显得呆板。人们在实际应用中发现了分板着色，分次印刷的方法，即用大小相同的几块印刷板分别载上不同的色料，再分次印于同一张纸上，称"多版复色印刷"。多版复色印刷的发明时间不晚于元代。元顺帝至元六年（1340），思聪和尚的《金刚般若波罗蜜经注释·灵芝图》即采用此法。元版代表作有《碛砂大藏经》、嘉兴路顾逢祥刊印《妙法莲花经》、俞声刻的西夏文《梁皇宝竹》等，尤以元至正元年（1341）中兴路资福寺刻印的无闻和尚所注的《金刚经注》最为著名。

元代，杭州木版水印行业的发展可谓开启后世，最大的创新有三：一是所印书籍出现了书名页。有的书籍封面除刻有插图、书名

元至顺年间《妙法莲华经》

外，还刻有印者名称、年代，以及广告宣传性的文字。二是出现多色套印的技术。三是出现了由几所儒学联合分工刻印大部头书的现象，这是印刷史上的新形式，它可以集中力量快速出书。

[肆]明清灿烂辉煌的木版水印

明代早期的武林版画在内容、构图、风格等方面都承袭宋元时期的风格，没有明显的突破。

明代武林版画的辉煌出现在万历以后的明中晚期阶段，至清初、中期依然兴盛。

受当时杭州人文环境发展的影响，明清杭州木版水印行业形成一大特点，就是文人、画家、刻工的相互协作，使得整体艺术水准提高到了新的高度，不但在作品数量上远超前代，而且在表现内容上更丰富多彩。

　　在绘画水平上，因有画家参与进来，不仅能依据戏曲和小说的题材来创作插图，还能绘制高质量的艺术画谱，这些插图和画谱，对于后人传习绘画技法或了解古代风物具有重要价值。许多著名画家如陈洪绶等，兴之所至也为书籍绘制版画插图。这些版画质量自然很高，武林版画因此名重于世。

　　在刻印工艺上，把胡正言所创饾版、拱花技法引入进来，精工细致、韵味高雅；在刻印人才方面，当时，杭州刻工最著名者为项南洲。他是明末木刻版画杰出的名手，所刻版画画面流

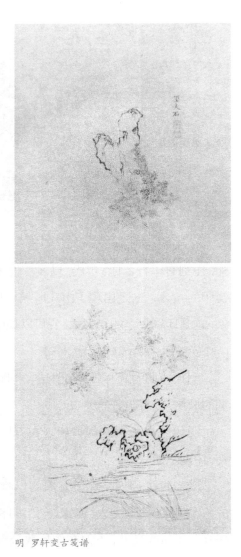

明　罗轩变古笺谱

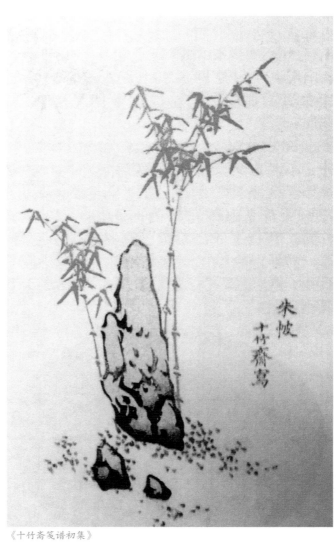

《十竹斋笺谱初集》

1976年，由张耕源、陈品超、徐银森刻印的木版水印作品

《十竹斋书画册》16册，
明胡正言辑，明崇祯六年
（1633）十竹斋彩色套印
本，剑桥大学图书馆藏

利，细入毫芒，房屋、竹树、花鸟，布置得非常妥当，特别是人物塑造，极为生动。除本土人才外，徽州刻工也经常为杭州书坊刻书，有些还寓居甚至定居杭州，著名者如黄应光、黄建中、黄应秋、黄德修、黄德新、黄一楷、洪国良等，他们不仅是有名的刻工，而且还是杰出的版画家。他们加盟杭州出版业，为杭州木版水印技艺发展作出了卓越的贡献。

在题材方面，一方面，明代版画沿用前朝宗教和鬼神崇拜的题材，并取得较高成就；另一方面，文人的参与，把代表当时最高文艺水平的戏曲、小说等题材都集中展现在武林版画中，创作空间大大拓宽。明代李卓吾等文人都曾为书坊校评小说、戏曲。

明永乐年间（1403—1424）刊刻《鬼子母揭钵图》，图长四尺，场面宏大，构图严谨，内容丰富而生动。如此巨作，不仅反映了绘者高超的能力，也体现了当时刻工的技能。刻工能够将流畅的线条传入刀下，足见明早期雕印技术的发达程度。这种精益求精的精神对后来发展起来的徽派刻工有很大影响。

此巨制虽未刊工名和地点，但视其雕印线条的特征，似与宋时杭州雕印的图画一脉相承。

明万历年间（1573—1620），余杭径山寺主持刻印佛教经典《大藏经》（又称《径山藏》），为我国诸代所刻《大藏经》中卷帙最为浩瀚的一部。其创作历经几年，具有划时代意义。

除宗教和鬼神崇拜题材，戏曲插图也成为重要的题材内容。

散曲又叫清曲，是词以后的又一种文学体裁，由文人在民间小调的基础上加工而成。在明代的散曲选集中，往往附有绘制精美的插图，它们的艺术成就甚至超过散曲本身的价值。其中，由杭州项南洲与徽州洪国良、汪成甫合作刻版的《吴骚合编》，是艺术成就最为突出的散曲选集之一。《吴骚合编》刊刻于崇祯十年（1637），有插图22幅，内容均为表现男女柔情之作，布局自然、笔法精丽、情景交融，深受百姓欢迎。

杭州刻工所刻印的戏曲选集不仅插图精美至极，而且版本不胜枚举，刊印数量浩如烟海，由各种版本的《西厢记》可见一斑：

万历三十八年（1610），起凤馆刻《元本出相北西厢记》，由汪耕绘稿,黄一楷、黄一彬刻版。刻工将槅扇的花棂、铺地的花砖、衣纹的线条等都不厌其烦地一一呈现出来,雕版技术十分出色。

李告辰本《徐文长批评北西厢记》,卷首的莺莺像,主人公半身执扇,神态松弛,美目含情。书中有40幅"月光型"插图。所谓"月光型"版式插图,即这种插图绘于直径约12厘米的圆内,以小见长,别具一格。这些绘有"月光型"插图的页面,正面表现故事情节,如"遇艳""解围""就欢""报第"等,以景物为主,结构严谨,情节突出,并富于装饰性;背面则图绘山水、竹石、柘树、梅花、翎毛走兽。画家题名有陈洪绶、蓝瑛、蓝孟、黄石、董其昌、魏之克等,可谓名家荟萃。"月光型"版式的流行使杭州戏曲插图的版式有了新发展,打破了长期流行的长方形画面版式,显得更为活泼,带有装饰性。还有一些书籍的插图将长方形与"月光型"版式画面交错使用,使版面更富有变化。

西陵天章阁本《李卓吾先生批点西厢记真本》,首页为莺莺小像,插图亦分正副两种,正图10幅,别出心裁地只描绘莺莺一人在不同情节中的形象,如"赖婚",画莺莺在窗前理妆,准备去堂前宴会上会见张生;"惊梦",画梦境中的莺莺在荒郊野外逆风奔走的情景。画家题名有陈洪绶、陆喆、米英、隐之、陆榮、陆玺、陆善、任士沛等,是一部集体创作的优秀作品。刻工为项南洲。

项南洲刻版《张深之正北西厢秘本》,由陈洪绶一人单独完成插图，书前附有"双文小像"。画家取全剧主要情节绘成"目成""解围""窥简""惊梦""报捷"5幅插图，以人物形象的塑造为主，生动地刻画出张生的儒雅、莺莺的娴静美丽、红娘的活泼伶俐。该版本的插图是明代戏曲版画中的精品。

其他的戏曲版画，如钟氏刻本《四声猿》插图，为双面连式大图，山水占了相当大的比重，追求景物对情节气氛的烘托，有的甚至完全是一幅山水版画。另有陈洪绶与著名刻工项南洲合作的《鸳鸯冢娇红记》的插图，在人物塑造及画面构思上都属上乘。

明代嘉靖、万历以后，小说创作进入高潮，各地书坊竞相刻印，小说插图版画得以迅速发展。杭州的插图本小说以品种多、质量精美而取胜。

明嘉靖年间（1522—1566），洪楩清平山堂编印《清平山堂话本》6种话本小说，是我国最早的"话本丛书"。

万历四十六年（1618），杭州工匠刻印的《忠义水浒传》，版刻插图细腻宛然，足见当时刻印工艺之高超。

万历年间，武林容与堂刊本《李卓吾先生批评忠义水浒传》，由名刻工吴凤台、黄应光刻图。此刻本虽不及有些版本的插图那么细致，但线条健劲、主题突出，令人印象深刻。

杭州容与堂刊本《李卓吾先生批评金印记》，明苏复之撰，插图工细、精美。

　　除戏曲、小说之外，杭州西湖潋滟的山水风光也为武林版画提供了创作素材，由此，形成了一种新的刻本形态——画谱。

　　明清画谱是不依赖于戏曲、小说的相对独立的刻本形态。

　　夷白堂刻印明杨尔曾撰《海内奇观》，计十卷，写各地山川胜景，实为海内山水纵览。如卷一载五岳景色，卷二载孔林、金陵、黄山诸胜，卷三载杭州西湖风景，卷十载五台山、桂林诸胜等，正所谓"万象缩之于毫端"而刻之于梨枣。画谱的精妙部分，主要集中于"词咏西湖十景""咏钱塘十胜""咏五云六景"及"雁宕题咏"，而描绘武当山、三峡、峨眉的诸图，也都各有特色。绘画者陈一贯，钱塘人，所画《雷峰夕照》《花港观鱼》《柳浪闻莺》《平湖秋月》《三潭印月》《南屏晚钟》及《六桥烟柳》《苏堤曲院》等，至今都还有遗迹可寻，又画西湖游船，更饶有趣味。刻工为汪忠信，其尽天然之意，尽可能地保留了原画的墨绘之趣。《海内奇观》"咏钱塘十胜"中的《北关夜市》图，是一幅生动的风俗画，极有可能是画家本人亲睹其景后所作。这幅画反映当时钱塘商业买卖的状况：夜市设在杭州城北，市中有小吃店，店堂内明灯高悬，挂着鱼肉以招揽顾客；又有一茶店，茶客似把盏交谈，一背孩童者则正临窗闲听；街上多有行人，其中一老者似醉酒而归；另有饼摊糖担，现出一派世俗生活的亲切和喧闹。此图生动地再现了17世纪初杭州商业繁荣的景象。

　　万历时刊刻有《西湖志摘粹补遗奚囊便览》十二卷，有省城全图，以及苏堤、岳王坟等图，也有反映杭州习俗的图。图由杭州人吴熹所作，刻工是新安人黄尚中。

万历年间，俞思冲刊刻有《西湖志类钞》三卷，图一卷。卷首有十八面，画"雷峰夕照""双峰插云"等胜景。

万历四十七年（1619），刊刻由郭之屏画的《西湖游览志》，给后来西湖风光绘刻者以相当影响。

崇祯六年（1633），墨绘斋刊本《天下名山胜概记》，其中有《西湖》一图，为蓝瑛等画，刘叔宪摹图，绘杭州西湖全景，白堤、苏堤、保俶塔、雷峰塔、三潭印月、西山诸景，皆一一在目，颇有史料价值。

集雅斋为安徽新安人黄凤池开设于杭州花市的刻书坊。黄凤池收集杭州金氏清绘斋刻印的《唐六如古今画谱》《张白云选名公扇谱》，并自刻六种画谱，合称《集雅斋画谱》八种。其中由《五言唐诗画谱》《七言唐诗画谱》《六言唐诗画谱》组成的《唐诗画谱》，在武林派的刻书中是一辑十分著名的作品，被称为"集诗、书、画、刻四美于一辑"之作。

有名家校阅书籍、名画家为插图画稿，再加名刻工雕刻，武林版画自然就名重于世，杭州木版水印技艺由此到达了辉煌阶段。

杭州的木版水印技艺精美绝伦，而明清时图书市场的繁荣昌盛，为其发挥提供了广阔天地。明代杭州书坊的状况，明胡应麟

《少室山房笔丛》卷四《经籍会通四》中有所记载。胡应麟（1551—1602），浙江兰溪人，性喜藏书，少从其父胡僖宦游，后曾"遍历燕、吴、齐、赵、鲁、卫之墟"，所到之处辛勤搜书，藏书历时三十载，对各地藏书、刻书情况颇为熟悉，所载可信。他说："今海内书凡聚之地有四：燕市也，金陵也，阊阖也，临安也。闽、楚、滇、黔则余间得其梓，秦、晋、川、洛则余时友其人。旁诹阅历，大概非四方比矣。两都吴越皆余足迹所历，其贾人世业者往往识其姓名。"这里，胡应麟十分肯定地指出，当时全国四大书籍聚集之地为北京、南京、苏州、杭州。

对明代杭州书坊经营销售书籍的情况，胡应麟有生动的描述："凡武林书肆多在镇海楼之外，及涌金门之内，及弼教坊、清河坊，皆四达之衢也。省试则间徙于贡院前，花朝后数日则徙于天竺，大士诞辰也。上巳后月余，则徙于岳坟，游人渐众也。梵书多鬻于昭庆寺，书贾皆僧也。自余委巷之中，奇书秘简，往往遇之，然不常有

《原版初印芥子园画谱》

清 《芥子园画传》

也。"说明当时杭州的书坊集中在清河坊一带。大连图书馆藏乾隆十六年（1751）会敬堂刻本《西湖佳话》，封面就印有"杭城清河坊下首文翰楼书坊发兑"字样。

清末民国初，浙江书肆也主要集中在杭州。据朱遂翔《杭州旧书业回忆录》载，较为著名者有杨耀松文元堂书局（杭州清河坊）、朱成章经香楼（杭州梅花碑）、侯月樵汲古斋书店（杭州梅花碑）、郑长发古怀堂书局等数家，另有书贾杨炳生、杨见心、朱瑞、陈天翰、刘琨、费景韩等人，为上海、南浔等地书肆及藏书家四处收购旧书。二十世纪二三十年代，随着私人藏书的大量散出，浙东书肆渐趋兴旺，并受到全国各地书贾及藏书家的特别关注。

依托书市的繁荣，杭州木版水印技艺更臻于完美。

二、杭州木版水印技艺的发展

1955年9月，当时的中央美术学院华东分院正式成立版画系，为杭州木版水印传统技艺的复活揭开了序幕。而后，1994年创立的『紫竹斋』和2001年创立的『杭州十竹斋艺术馆』为杭州木版水印的传承和发展作出了贡献。

二、杭州市版水印技艺的发展

[壹] "紫竹斋" 的典雅复制

一、民国时期式微

晚清至民国初期，杭州的木版水印业虽然实力比较雄厚，在近代出版古代文献与地方文献上仍发挥着重要作用，但是，西方传入的铅活字和平版印刷术印制便捷，在杭州印刷业中占据越来越大的比例，成为社会的主要印刷力量，使得木版水印渐渐式微。所谓平版印刷术，即印刷的图文和非印刷的空白处同处在一个平面上，用眼看上去无高低之分。印刷时，利用油水互斥的原理，使图文部分抗油亲水而排墨，通过挤压转印到承印物表面。平版印刷术按材料不同可分为石版、胶版、珂罗版。清光绪十八年（1892），宁波商人在杭州创办了全市第一家印刷工业企业——蒸汽石印厂，从此正式开始用蒸汽带动石版印刷机的平版印刷。随后，各类印刷所及专业铸字、制版所先后创立。至民国元年（1912），有石印、铅印的印刷所（店）10多家。据《中国实业志》记载，到1922年11月，"全市有印刷所（店）86家，资本总额22万元，营业额65.42万元，占全省印刷业总额的60%以上"。民国二十六年（1937），日军入侵浙江，杭、嘉、湖等地区相继沦陷，省政府及文化团体被迫内迁至金华、丽水、温州等地，民营书刊印刷机构、印刷者大部分也被迫外迁，留下来的印刷企业只能惨淡经营。抗日战争胜利后，由于商业活动活跃，需要印制国民党政府银行、钱庄的支票，铁路、邮局等部门大批账册及各种宣传资料，及市场上的卡片喜帖、广告宣传品等，刺激了印刷业的发展，各类印刷所、店纷纷开业，制本所也随之发展。到1948年，杭州市印刷户多达103家。

但这些印刷所、店多采用平版印刷术，使杭州木版水印业务日渐萎缩，至20世纪30年代，木版水印几乎退出印刷业。痛感于这一极其宝贵的传统技艺资源的衰落和流失，鲁迅和郑振铎二位先生发起了抢救和保护十竹斋木版水印技艺的运动。鲁迅先生邀约郑振铎先生共同出资，发起了重刻辑印《十竹斋笺谱》等典籍的行动。郑先生委托赵万里先生从王孝慈先生手中借得藏本，延请北京荣宝斋的师傅用饾版和拱花术仿原件复刻。鲁迅先生还亲自撰写《重印十竹斋笺谱说明》，文中说道："中华民国二十三年（1934）十二月，版画丛刊会假通县王孝慈先生藏本翻印。编者鲁迅、西谛；画者王荣麟；雕者左万川；印者崔毓生、岳海亭；经理其事者，北平荣宝斋。纸墨良好，镌印精工，近时少见，明鉴者知之矣。"可见他对此事的一片苦心。郑振铎先生对木版水印技艺也有精彩的评论，还对历代版画进行过精心考证和评价。由于有鲁迅先生这样的文化旗手和郑

1942年版《十竹斋笺谱》

郑振铎跋

郑振铎跋

十竹斋《八行笺》

振铎先生等杰出学者，以及一批优秀文化传人的努力，使得木版水印技艺获得了传承和延续。

二、再度振兴

中华人民共和国成立后，在毛泽东同志"推陈出新""古为今用"的指示下，二十世纪五十年代，木版水印技艺出现再度振兴的势头。内容上，发展到能惟妙惟肖、神形兼备地印制笔墨淋漓、气势豪放的徐悲鸿的《奔马图》，以及唐代周昉的《簪花仕女图》、宋代马远的《踏歌图》、元代黄公望的《富春山居图》等大幅艺术作品，标志着木版水印技艺发展到了新阶段。

杭州木版水印技艺的复兴，与中国美术学院版画系的诞生密切相关。

1928年，卓越的教育家蔡元培先生选址杭州西子湖畔，创办了我国第一所综合性的国立高等艺术学府——"国立艺术院"，以兼容中西艺术、创造时代艺术、弘扬中华文化为办学宗旨，享誉海内外。1929年，学校更名为"国立杭州艺术专科学校"；1938年，改为"国立艺术专科学校"；1950年，成为"中央美术学院华东分院"；1955年9月，正式成立版画系，为木版水印传统技艺的复活揭开了序幕；1958年，改名为"浙江美术学院"；1993年，学校更名为"中国美术学院"。

1955年9月，该校新开办的版画系开设传统水印版画课程，在国内应属最早开展木版水印教学的专业院校，创始人是张漾兮。版画系先后两次委派夏子颐和张玉忠等人前往北京荣宝斋、上海朵云轩、天津杨柳青交流学习传统木版水印技术。1958年，在浙江美术学院版画系成立木版水印工作室；同年，在杭州南山路"西湖艺苑"设木版水印工场，以校办工厂的方式来复制生产木版水印作品，取

二十世纪五十年代，中央美术学院华东分院师生合影

1958年，水印工厂全体人员合影

水印工厂工人工作照

水印工厂员工合影

水印工厂的岁月

得了良好的效益。版画系一路走来，获得著名画家、中国美术学院院长潘天寿的扶持，以及以中国著名美术史论家王伯敏教授为代表的一大批文化人的推崇，硕果累累。版画系学生吴光华的水印版画作品《舞狮》在国际上获奖。该系毕业生及木版水印厂员工陆放、张玉忠、陈聿强、张耕源、徐银

水印工厂工人在工作

森、王刚、陈品超、俞泓等，持续以水印版画创作获得一致的赞誉，成为国内最重要的新一代水印版画艺术家，也为现代水印版画在国内各地的普及作出了积极的贡献。他们重新翻刻《十竹斋印谱》，还翻刻和复制一批古代书画名作和一批现代画作，其中以复制写意水墨画为主，并在写意水墨画的复制中多有技术创新，使得杭州的写意水墨画复制技术达到了国内顶尖水平，杭州也成为国内与北京、上海并驾齐驱的木版水印三大基地之一，驰名中外。

　　二十世纪八十年代初，随着改革开放带来的市场经济繁荣，人

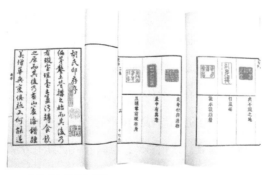

郑振铎所写《重印十竹斋笺谱序》

1960年版《十竹斋印谱》

《西湖木版水印信笺》

民生活水平日渐提高, 国内外涌现出对中国画的极大消费热情。但是, 刚刚富裕起来的人民, 对名家原画的高价格不是那么容易承受的。于是, 高度还原画作面貌的木版水印作品受到了市场的极大追捧, 木版水印翻刻和复制品一时销量剧增, 促进了杭州木版水印技艺的提高, 培养了一批技艺传承人。

　　二十世纪八十年代后期，随着使用油墨、宣纸的机器印刷技艺的兴起，传统手工木版水印复制画遭遇到挑战，逐渐受到市场冷落，水印工厂开始面临困境。1988年，西湖艺苑被迫撤销，相关人员先后调入学院教学教务岗位，木版水印工作室划归当时的浙江美术学院版画系管理。之后很长一段时间，大规模的木版水印生产停滞，木版水印告别了往日的辉煌，远离了大众。

　　1994年，中国美术学院木版水印工作室另择新址，院落前恰巧有翠竹数竿，遂赋新名为"紫竹斋"。紫竹斋在印制美院师生版画新作的同时，完整地保存和延续了明清以来武林版画的技艺、风格和神韵，继承和保留了中国传统木刻的原汁原味，还力求实现传统技艺的学术性、现代性及创造性转化，把传统木版水印课程当作版画系教学体系的有机组成部分。融通古今成为中国美术学院版画学派的重要风格之一。从武林版画到"紫竹斋"，传承了一批具有极高价值的古籍收藏。其中，以木版水印的文献为主，如清嘉庆二十二年（1817）芥子园重刊的胡氏彩色套印本《十竹斋书画谱》、1958年荣宝斋复刻版《北平笺谱》等。从现实出发，紫竹斋致力于当代木版水印的复兴，带来了一系列具有传统意味及细致技艺的经典作品，以版画的形式"典雅复制"了潘天寿的《雁荡山花》等一批经典画作，又积极将木版水印推向新繁荣，中国美术学院版画系师生在"技艺与方法之大绘画"的理论引导下，着力于艺术实践与探索，创作出了一批颇具开创性的作品。

[贰]"十竹斋"的汲古开新

胡正言的十竹斋木版水印曾经在明代独占鳌头,饾版和拱花技艺是中国版画艺术和印刷艺术的典范。清末以来,十竹斋却渐渐被世人遗忘。虽然胡正言先生创办的十竹斋早就没了,但十竹斋的木版水印技艺却在一代代匠人的手中流传了下来。二十世纪三十年代,鲁迅、郑振铎先生对十竹斋木版水印技艺给予关注,他们出资,在北京琉璃厂南纸店找到安徽刻工左万川,又延请印工崔毓生、岳

魏立中工作照

中国美术学院版画系教授张玉忠和杭州十竹斋掌门人魏立中

魏立中与国家图书馆联合开展"非遗"技艺培训

重刊《十竹斋印谱》

海亭等人。技工们花了七年时间翻刻《十竹斋笺谱》,才使十竹斋木版水印技艺得以传承。二十世纪五十年代,中央美术学院华东分院水印工厂的张耕源、陈品超、徐银森、俞泓、王刚等人共同努力,重新翻刻《十竹斋印谱》,与此同时,也翻刻复制了一批书画名作,使杭州木版水印技艺得以延续。

代表性传承人魏立中拜杭州木版水印名家陈品超为师,跟随师父练习刻版,习得了一手好刀法。除了练画工、练刀功,还要提刷吊耙、练水印,一天一练就是几百张小画。这种讲究手感的活计光靠师父教是学不会的,得自己反反复复地练,时间长了,错得多了,自然就培养出来了。2001年,魏立中正式创立"杭州十竹斋艺术馆",

久负盛名又湮没数百年的木版水印名坊"十竹斋"终于得以恢复并日益焕发生机。

杭州十竹斋艺术馆成立后，聘请吕济民先生担任名誉馆长，聘请张耕源、徐银森、陈品超等名家传授技艺，邀请沈鹏、欧阳中石、冯骥才、谢辰生、刘健、张远帆、吴山明、潘鸿海、张远帆等艺术名家进行指导，励精图治、开拓进取，取得累累硕果，聚集了一大批浙江省乃至全国著名的艺术家。杭州十竹斋朝着高、精、尖的方向发展木版水印业务，由从前只能印制大不盈尺的信笺，发展到印制大张巨幅画作，如潘天寿的《雁荡山花》、吴山明的《知识青年》、方增先的《粒粒皆辛苦》等；印制材料由纸本发展到绢本；套色技艺不断提高，由水墨淡彩而发展到可根据原作需求采用矿物颜料重彩；所复制作品也

方增先的《粒粒皆辛苦》 张耕源雕版、徐银森水印，1960年

张耕源、陈品超等老师在十竹斋艺术馆指导

徐银森与魏立中（聘请徐银森为十竹斋木版水印专家）

师父陈品超和魏立中探讨木版水印技艺

魏立中师父俞泓正式成为十竹斋木版水印专家

由现代书画而发展到古代名画，这其中有些作品的复制工艺技术难度极大，如复制唐868年王玠刻本《金刚般若波罗蜜经》，《玄奘西行图》《雷峰塔藏经卷》《十竹斋笺谱》《十竹斋书画谱》，清王原祁的《西湖全景图》，元黄公望的《富春山居图》，五代顾闳中的《韩熙载夜宴图》，宋徽宗赵佶的《瑞鹤图》，宋王希孟的《千里江山图》、宋梁楷的《泼墨仙人图》，明朱见深的《一团和气》等，创作木刻文化名人肖像印等重要作品。杭州十竹斋在多年的经营实践中，不断改进木版印刷工艺技术，使中国古老的木版水印在当代得到升华。

十竹斋对木版水印技艺传承所作的贡献得到社会各界肯定。中国文物学会名誉会长、著名学者谢辰生先生为杭州十竹斋重刊明胡正言笺谱题写"十竹斋笺谱"。原中国艺术研究院院长、中国非物质文化遗产保护中心主任王文章为十竹斋文献写序。故宫博物院研究员、著名书画鉴定家单国强题写"十竹斋书画谱"。全国人大原财政经济委员会副主任委员、辽宁省委原书记闻世震题写"书画写壮志，水印播文明"。全国人大常委会副委员长、两院院士路甬祥先生题写"传承创新"。中国民间文艺家协会党组书记、副主席罗杨题写"水墨传神韵 丹青焕古风"。原中共浙江省委常委、组织部部长蔡奇题写"十竹斋木版水印艺术"。中国楹联学会常务理事、浙江省语言学会楹联研究会会长王翼奇题写"九畹已滋兰翰墨清芬丹青逸韵，十年看种竹艺文大雅水木高华"。著名画家、杭州师范大学教授、

黄宾虹《山水》　陈品超雕版、俞泓水印

非物质文化遗产保护专家杨光宇题写"十竹斋"。著名学者谢辰生题写"十竹斋木版水印工坊"。虞炳中先生题字"心诚 行正 克己 复礼"。原浙江省文化厅副厅长田宇源题写"大雅"。张耕源题写"心底陈规少,笔头新意多"。

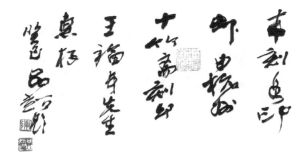

齐白石作品《虾》 木版水印 魏立中刻版水印

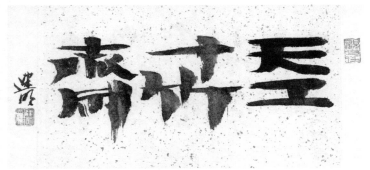

中国美术学院副院长、博导宋建民教授题"天工十竹斋"

张耕源为杭州十竹斋题词"窗影十竹，版传百世"

王伯敏教授为杭州十竹斋题"十竹斋佳制,画刻印三绝"

三、杭州木版水印技艺的基本内容

杭州木版水印技艺所需材料和工具按流程分，包括勾描的材料和工具、刻版的材料和工具、水印的材料和工具，其流程包括准备工作、分版勾描、木版雕刻、制色印刷四个阶段。

三、杭州市版水印技艺的基本内容

一、材料

（一）勾描材料

1.赛璐璐片

赛璐璐片又称"明片"，由胶棉（低含氮量的硝化纤维）和增塑剂（主要是樟脑）、润滑剂等加工制成。赛璐璐片透明度强，无任何色素掺杂，光滑平整，材质坚韧。其厚度一般在0.125毫米左右，过厚易产生灰雾，过薄则上色面积较大时会产生不平整现象。

将透明而不透水的赛璐璐片覆盖在原稿上，在清晰透视原稿的同时，又能保护原稿不被勾描的墨色沾染。使用时，要防止赛璐璐面沾油，因为有油就无法上墨。如果赛璐璐片需要擦拭，可用生宣轻抹，注意用力适度，防止擦毛版面。

2.雁皮纸

勾描纸通常有雁皮纸、毛边纸、宣纸三种。由于雁皮纸薄而细腻，纤维紧密强韧，半透明，且不易漏墨，具有不怕虫咬及湿气的特性，可以得到更加微妙细致的效果，成了木版水印勾描分色最理想的纸张。使用时，将它平铺在稿子上或勾描好的赛璐璐片上，对照原稿或范本进行分色勾描，描成用作雕版的底稿。

雁皮纸是用雁皮树的皮为原料制成的一种皮纸，也叫日本薄印纸。雁皮树，属沈丁花科的落叶灌木，很难栽培，生长缓慢。日本在平安时代（794—1185）设立了官方造纸工场，对中国传入的造纸技艺进行了吸收和改造，采用产于歧阜、高知等地的雁皮做纸。用雁皮树制作纸张一般是在寒冷的冬季，寒冷抑制了细菌的生长，可以对纤维起到防腐作用，也会使得纤维更加致密。国产雁皮纸采用浙雁皮。浙雁皮分布于安徽、浙江、江西、湖南等地，生于山坡、山麓比较潮湿的灌木丛中。

3.其他材料

玻璃纸、塑料布、棉花等。

（二）刻版材料

木板

刻版所用木板一般应符合以下几个要求：一是肌理细密而坚结，柔和而均匀；二是板面光洁而不起毛茬，平整而无裂缝，不变形；三是质地干燥而有适度的吸水性。所以，用来雕版的传统板材多用梨木、杜木和枣木等，这些木料大都产于我国北方，由于环境气温较低，生长周期较长，使得木料纤维细密，软硬均匀，易于雕刻，而且长时间放置不会变形，适宜长期保存。所以"枣梨"又是古

籍的代名，镌刻书籍图册也被称为"上梓梨枣"。

杜木木质较松软，吸水性略大，适宜刻制写意或兼工带写的作品。枣木坚硬，大材容易干裂，适宜表现皴擦斧劈的笔迹，但是不易做大画幅作品。梨木最为中庸，兼有杜木和枣木的优点，质地均匀，且梨树比较粗壮，易得大面积板材，适宜刻制大画幅和工整的作品。

随着木版水印业的兴盛和交通物流的发达，更多的板材得以成为雕版材料。例如，名木黄杨和白果（又名银杏）。黄杨为灌木或小乔木，有"千年不大老黄杨"之说。李渔《闲情偶寄》记有"黄杨每岁一寸，不溢分毫，至闰年反缩一寸，是天限之命也"。黄杨木生长极其缓慢，故质地坚硬，木纹细密，适于雕刻细密的线条，表现须发眉眼能纤毫毕见；缺点是不易亲水，刻版之后的水印，需要反复研印。白果树为落叶大乔木，胸径可达4米，因生长较慢，又称作"公孙树"，取"公种而孙得食（果）"之说。白果木质地细腻而松软，吸水性强，适合雕刻大片水墨淋漓的泼墨画。

另外，也有用桦木、椴木的。要根据原画作的风格和刻版者的掌控，选择最合适的。

木材都有年轮，每一轮年轮都是一圈硬一圈软。树的中心，色泽较深，板质坚、脆，而边缘则是色泽较浅，板质软、韧，其深浅交界处的木质纹理变化多端。如版样线条跨越这两区，刻者需特别加以注意。当画幅中的线条布在软硬不同的区域，不可一刀直接拉下去，要特别注意下刀时用力的变化。另外，木材的横断面与纵断面不同，刻制时，应分清木面雕版与木口雕版的不同肌理。

刻版板材以旧木料为好，所谓"百年枯树中琴瑟"。新材含水分较多，仓促使用，会发生干裂、旋翘等变形现象。刻版前，必须将木材经过脱水脱脂处理，方法有二：一是将原木锯成4厘米厚的版片，置于不见阳光的通风处，每层以木条相隔，叠压起来，最上层压以重物，避免板翘，日久阴干定型。二是将木板放入沸水中反复蒸煮，去除板材内的树脂、杂质，以增强韧性；蒸煮后捞出，慢慢晾干；再将经过脱水脱脂处理的木板刨平；用细木砂纸打磨光滑后，备用。

（三）水印材料

1.纸张

各种纸张各有不同的印刷效果，要根据具体作品精心选择。

印制彩笺等，考虑到彩笺使用者的书写习惯，宜用单宣、玉版宣。这类宣纸较薄，吸水性和沁水性都比较强，易产生丰富的墨韵变化，但水墨渗沁迅速，不易掌握。

印制印谱、线装书等，宜用连史纸，又称"连泗纸""棉连纸"。连史纸不仅薄如蝉翼、纤维均匀、着墨鲜明、吸水易干，印制作品能入纸三分，而且，白如羊脂、永不变色、防蛀耐热、寿纸千年，印刷图书久看眼不易倦，久藏纸不变质。

印制特殊用途的作品，如福、寿等喜庆字，可用彩色宣纸，以凸显喜庆气氛，或用元书纸。元书纸，因皇帝元日庙祭时用以书写祭文，故名。北宋真宗时期，元书纸已被选作"御用文书纸"。元书纸柔韧不易折，着墨不渗，适合印制浓墨大字。

复制中国画时，第一选择是与原作质地相同的宣纸，以达到惟妙惟肖的效果，现普遍采用安徽泾县出产的檀皮宣纸，如红星牌的净皮宣和特净宣。徽宣根据吸水性来分，有生纸、熟纸、半生半熟纸。生宣吸墨性强，水墨层次丰富，用于印制水墨淋漓的写意画。生宣以陈年旧纸为好，久藏的生宣色泽柔和，用墨用色更具韵味。新的生宣要去除"火气"，即将纸在风口挂放一段时间，处理成"风纸"，能取得接近陈纸的效果。熟宣由生宣涂上矾水加工而成，不透水，不漏墨色，用于印制工笔重彩、淡彩画。半生半熟宣由生宣上淡薄的矾水加工而成，例如玉版宣，其吸墨透水性介于生宣、熟宣之间，用于印制兼工带写的画作。

2.绢

原作是绢画，水印复制时也需用绢印。绢根据丝线的形状分，有圆丝绢和扁丝绢；根据加工状况分，有生绢和熟绢。圆丝绢是指未捶打过的绢，生绢是指未漂煮过的绢。宋代米芾《画史》载："古画至唐初皆生绢，至吴生、周昉、韩幹，后来皆以热汤半熟入粉，捶如银板，故作人物，精彩入笔。"

无论圆丝绢还是扁丝绢，生绢不能直接用来复印画作，必须通过练绢、矾绢、染绢，使印色容易渗透到丝缕中去，使之色彩光艳，经久不变，并且与古旧绢本的色质相仿。练绢：将生绢置入锅中，倾以冷水，水中加少量碱，以文火煮沸，去除绢中的油质和浆性，捞出晾干待矾。矾绢：先配制胶矾。胶以广东所产黄明胶粒为上，将其泡于清水桶中，不需搅拌，浸泡一定时间后将水滤掉，同时亦除去了胶中的油质。然后，胶与矾水按二比一调兑，需不断搅拌，防止胶质沉积在下，并靠近炉火保温。将绢托好，刷上米汤，再上胶矾。绢上的细纹上胶填平后，能更好地吸取颜色。上的胶不能太重，否则会影响着色。待第一遍刷的胶矾阴干后，再刷第二遍，前后共需刷五遍，手法要左右上下交叉着刷。染绢：做仿古画时，底色一般以墨、藤黄、赭石等颜料调兑染之，也可用核桃壳、栗子壳、决明子等煮水，或用茶叶汁水代替染色使用。

3.墨

木版水印用墨宜以墨锭研制，市购墨汁的胶质太重。墨锭根据制作原料区分主要有漆烟、油烟、松烟。按颜色区分主要有黑、白、朱、黄、绿五彩。油烟有光泽，松烟无光泽，漆烟介于油烟与松烟之间。花鸟画往往多选油烟，山水画、书法一般用松烟。印制书画作品，先审视原作的用墨种类，选择合适的墨锭。用古墨印制古代名作效果更好。墨须随研随用，以保持新鲜，否则，宿墨会有胶质沉淀，形成墨颗粒，墨与水分离，水印时难以使墨色透入纸张，装裱会

产生跑墨现象。墨锭历来以安徽歙县、休宁两地制墨为佳。徽墨落纸如漆，色泽黑润，经久不褪，而且容易调浓淡，墨分五色，表现出纯正的墨色层次。墨锭用好后，要把墨锭上多余的水沾去，装进匣子存放好，以免干裂。

4.颜料

颜料通常使用的是传统中国画颜料。国画颜料，分成矿物颜料、植物颜料两大类，现代又有化工颜料。植物颜料从植物中提取，比较亲水，容易调色印制，但是，日久会出现氧化褪色。矿物颜料用矿石磨制，显著特点是不易褪色，色彩鲜艳，但是亲水浸润性不足，较难把握，需要谨慎使用。有些矿物颜料会有日晒褪色、变色，受潮反铅变黑现象，这大多是由颜料成分不纯，含有的杂质氧化造成的。例如，如今市购白色颜料大多是锌钛白，是锌与钛白粉的混合研磨物，甚至含有铅，日久极易起化学反应，而古法是用蛤粉，不易变色。

国画颜料有软管成品包装和粉料散装的。软管成品要用新的，旧的会有胶与色分离的情况。最好选用小盒散装国画纯粉料，使用时，要用瓷钵研磨，加入牛皮胶、清水，缓缓调匀。调色的瓷钵要用纯白色，这样，观察颜料不会产生视觉误差。选料调色，要尽可能与原作相同。

5.印泥

除颜料外，还需备齐各色书画印泥。印泥主要原料是陈年蓖麻油、艾绒，调入朱砂、朱磦，或其他矿物配方而制成各色印泥。各时

代、各地区、各人、各画作，所用印泥各不相同，即使同一幅画，画家
与后世藏家所用印泥也不相同。仅西泠印泥就有朱磦、丹顶、金桂、
金碧、牡丹、光明、美丽、箭镞、缨绶等十多个品种，色调上有微妙
差别，不可不辨。印泥需要时常用骨片翻调，务使不同比重的色、
油、艾绒充分混合，交织成一体。

6.水

水分有调节墨色度的作用，水分在宣纸上有渗化特性，印制中
必须要熟悉"水性"，充分发挥水的作用，这是印好一幅画作的重要
因素。水的运用和掌握，是木版水印技法的要点之一。如果说木版
水印的墨是色中之"皇"，水则为"后"。"墨即是色"，指墨的浓淡变
化就是色的层次变化，"墨分五彩"，指色彩缤纷可以用多层次的水
墨色度代替。以墨为原料，以水为媒介，墨因加清水的多少而成为浓
墨、淡墨、干墨、湿墨、焦墨等，由此画出不同浓淡（黑、白、灰）层
次，加上与宣纸的交融渗透而形成墨韵。用色与用墨一样，都要用水
调和，墨需水和，色需水融。用水是否得当，是决定水印画作的用色
用墨优劣的关键。

水，必须清洁。水清则墨洁色净，画有生机。水污则墨污色滞，画
面沉闷。切不可用茶水或其他汤水，造成败墨败色。用水，必须适度。
水多则湿，水少则干。需湿时，过干就缺韵气；需干时，过湿则臃肿。用
水，必须审时。水分未干时，墨色略深；水分渐干时，墨色会渐渐显淡。

二、工具

（一）勾描工具

1.毛笔

勾描用笔与国画毛笔相同，主要采用小狼毫，因其笔锋尖细，笔肚健挺，富有弹性，适于勾勒线条。一般选用衣纹、叶筋、红圭、白圭、须眉、狼圭等，以勾描者适手为度。

使用新笔时，先用温水缓缓化开。初用的新毛笔，会比较生涩，会有掉毛现象，宜在其他宣纸上使用几次，待笔性稳定并使顺手后，方可用于勾描。旧笔用秃，不必丢弃，可收藏备用，因为书画原作者往往有用秃笔的习惯，用于皴劈、点苔、飞白等。毛笔每次用完，务必洗净墨汁，竖挂沥干，防止凝胶结墨，损坏笔尖。再次使用时，毛笔先入清水，让清水浸润笔根，再蘸墨使用，可以防止在笔根积墨，影响使用寿命。

2.其他工具

墨、纸、砚、水盂、红蓝铅笔、剪刀、夹子、糨糊、镇纸、放大镜等。

（二）刻版设备及工具

1.工作台

刻版工作台大如书桌，桌面有斜度，以利运刀。也有在桌面打上木条作为靠山的，防止所刻的木板滑动，便于用力。

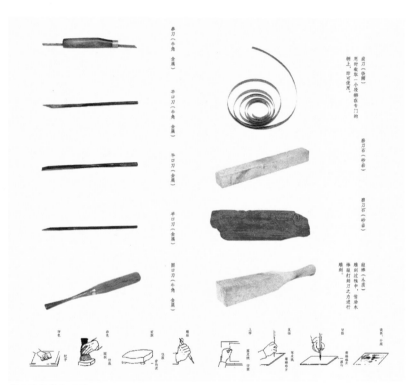

刻版的设备和工具

2.刀具

　　勾描在版样上的笔迹有各种各样的形态，为将其表现入微，刻者要经常更换不同的刀具。根据刀口的几何形状分，一般有斜刀、平刀、圆刀、三角刀。根据使用方法来分，主要是：拳刀、崩刀、凿刀等，各具不同的功能。

拳刀是木版水印刻版所用的主要工具，又称"斜刀""偏口刀"，由刀条、木柄、刀楔三部分组成。刀条略如钢锯条，窄而无齿；刀刃略斜，呈月牙形；木柄多用红木或黄杨木制成，上大下小，中有凸出柄外的握手，握拿舒适，便于用力；侧面通体有刀槽，下有铜箍；刀揳入硬木木柄中，用于调节刀条上下位置。拳刀的宽度很窄，主要使用刀尖，雕刻各种线条，无论是曲、直、长、短、粗、细、纵、横，或是交错的线条，都用此刀刻成。用拳刀刻出的线条刚柔适度，能真实地表现出不同线条的特点。

崩刀是用钢皮做成刀型，嵌入木把手。刀条采用钟的发条较好，刃薄而锋利，富有弹性。使用崩刀，就是要发挥刀条的崩弹力，避免刻版时有意识的按部就班，能使所刻的线条，产生如行云流水般的自然天成感。崩刀与拳刀结合运用，是雕刻皴法、枯笔墨迹的较好手法。与三角刀结合运用，对表现大斧劈、小斧劈和披麻皴，有良好的效果。

凿刀有不同大小、平刃或圆刃的刀口，刀条粗壮，便于着力，用于铲地、剔空。凿刀的另一头往往安装凿柄，可以顶在肩胛窝上使力，或使用木槌敲击。

3.磨石

"工欲善其事，必先利其器"，刀具磨得锋利，有助于镌刻工笔线描和细腻精致的雕版。刀口是否磨得弧形适当，长短尖的角度是

否精确，关系到刻版运刀是否流畅自如。因此，用于磨刀的磨石也是
不可或缺的工具。磨石采用质地很细的砂岩石或油石，用水浸泡，
让水分透入磨石细孔。磨石安放固定，不使动摇，一手握刀柄，另
一手的食指、中指按住刀身，刀刃与磨石始终保持一定的角度或弧
度，前后推磨或左右转动，用力均匀。由于刀型不同，磨刀方法也不
同：磨平刀、斜刀时，先将刃口前后推磨，再翻转另一面将刀条平磨，
把刃口的钢卷面毛边磨干净；磨拳刀时，先将月牙形刀口的两尖呈
四十五度角磨出，再翻转另一面把刀条放平，把刃口的钢卷面毛边
磨干净；磨三角刀时，只磨外侧刃口，两侧分两次前后推磨，磨成两
侧对称的V字形；磨圆刀时，磨圆口外侧的刃口，按刃口的弧度左右

原水印工厂磨刀技术笔记

转磨，磨成两侧对称的C字形。磨石应该平整，如果事先把磨石制成三角槽和圆槽来磨三角刀和圆刀，则容易把刃口磨成带弧状，刻版时容易打滑，反而弄巧成拙，徒伤刀刃。刀具磨好后，抹上黄油或机油防锈。

一把好刀必然刚柔相济，刚性、韧性、耐磨性要结合得恰到好处，过犹不及。太刚，则刀尖容易崩断；太韧，则刀口软，容易卷刃。刀具使用和磨刀次数过多，就会降低原有钢材的性能，此时，需要再进行热处理。刀具热处理时，大致是退火、正火、淬火和回火几种手段配合使用。刻版刀具，采用七号或八号钢锻打，热处理采用特殊的"敷土淬刃"工艺：将刻刀置入煤炉火炭之中炙红，然后平着整体放入冷水或冷油中，浸三至四秒即拿出。此过程需反复数次。然后，用黄土、硼砂、铁粉、碳粉、木炭等按一定比例配置成"烧刃土"，将刀刃一端封好，再放入炉中加热至特定温度，拿出后连泥一同浸入水中。当红热的刀坯进入水中后，赤裸的部分迅速冷却，而有敷土部位的降温相对较慢，导致硬度与赤裸部位不同，从而达到刚柔并济的效果，在刀刃硬度高的情况下，依旧能保持刀身的良好韧性，提高刀具的硬度及耐磨性。

（三）水印设备及工具

1.印案

印案即木版水印中用以印刷的台案，长宽规格取决于印品的大

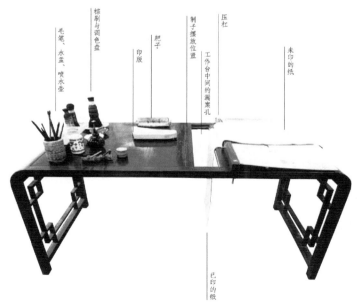

棕刷与调色盘

毛笔、水盂、喷水壶

把子

印版

耙子摆放位置

压杠

工作台中间的漏索孔

未印的纸

已印的纸

水印的设备及工具

小,案高一般在75厘米,比较符合人体力学,坐着印制小画幅或站立印制大画幅都会比较舒适。印案结构除了平整的台面,还有"漏案孔""压杠""制子"。印案中间一条约10厘米宽的纵向长方形空隙为"漏案孔",每印一页,将纸从孔中垂放。孔的右边5厘米处有厚约3厘米的木杠,叫作"压杠",用以固定印刷用纸或绢。孔的左侧立放一块高出台面约3厘米的木板条,叫作"制子",用以将印纸拉到版上保持平展。一般在漏案孔的左侧安放印版,置放棕刷、调色盘、水盂、笔架等工具。在漏案孔的右侧压置印纸,置放耙子。案左右及前面边沿附有裙板,以防止色浆流淌到案外。印案最好刷上木蜡油,以保持各部分光滑不伤纸,也可以防止墨色污染印案。

2.耙子

耙子是木版水印中用于砑印的工具,将墨色砑印到纸上。耙子的结构分为"耙梁""耙底""棕片"三部分。耙子的规格根据画幅而定。耙子的制式是用木块为耙心,外包棕皮片,为了防涩耐磨,也可以在棕片之外另附一层马尾。通常耙心为长15厘米、宽7厘米、厚5厘米的木方。将五六层棕片折叠成板形,外加一层梳好的马尾,两头卷起,绑扎在由胶皮包裹的木方上即做成耙子。制作耙子的棕片越老越好,要厚且丝路直,制作时,只能用右半边,因为这边反包过来,其丝正好顺右手。马尾应选黑色且油光结实的,为使耙子的表层光滑,初次使用前可先撩少许香油。为了不污染印品,在砑印时还需在印纸上多垫毛边纸或元书纸。老耙心经过长时间使用仍很平直，可反复使用。

3.圆棕刷

圆棕刷是往木版上刷色的工具，有时也用来理匀版上的颜色。圆棕刷由棕皮卷扎而成，上细下粗，形态如钟。圆棕刷的结构由内而外分为"芯子""棕码""外皮"。选取直、紧、重、有弹性的棕皮，用清水洗净，压平，晒干备用。选用一片较直而硬的棕片，剪去两侧硬边，卷紧成圆标形，作为圆棕刷的"芯子"。把若干片棕皮横剪为两段，宽的一面不必求其一致，高的一面则要剪平，长度同芯子。这些剪好的棕片叫作"棕码"。将矩形棕码按软的、硬的依次一片片紧实地包裹在芯子外面，直到粗细适用、富有弹力为止。最后用光滑且较厚的两片棕片裹在外面，称为"外皮"，也叫"补袍"。棕刷规格，根据画幅的尺寸需要，做大小不同的八九把备用，大到尺许，小到寸余。印小画片和细部，需用到二寸长的小棕刷。

棕刷以使用一年后的旧刷为最佳，以手指捻搓，棕丝如头发般光滑，使用起来，甚为圆润而劲健。新扎棕刷，棕丝须直而匀，最好用旧耙子上拆下来的旧料制作。新刷初用时，有发涩感，并且会有棕皮与不洁物落下，污染印色，需用碱水反复沸煮，去除棕内杂质。刷子要注意保养，用后将刷面朝下放置，防止水和颜色渗入刷把。每次用完后，用清水洗净并晾干。如洗后不久又需重新使用，可用少量糊糊在刷子上，以阻止水下渗。洗刷时，要以手掌抵住刷子底部，蘸取清水，不轻不重地刷洗，刷子内部不能进水。

4.颜色蘸

颜色蘸是从颜色碗中提取颜色，往木版上掸色的小刷子。取15厘米长的小竹棒，将棕皮梳成棕丝，在竹棒一端捆扎成小毛笔头大小的刷子。用它蘸取水色，久浸不腐，挺拔称手。也有用马尾捆扎的颜色蘸。印制枯笔时，颜色蘸常用纸芯，以宣纸卷成。

5.膏药泥和烘灯

在印刷时用膏药泥来固定印版。膏药泥主要由香油、松香、官粉、蜂蜡等物在火中熬炼而成，是制作中医膏药的基质原料，在一般中药铺里都可以买到。膏药泥有亲脂亲水的黏性，受热在25摄氏度以上会变软变黏，冷却后会凝固硬化。利用这一特性，将印版粘在印案上固定即可进行印制。印制完成后，用一把铲刀，铲除固定印版时留在印案上的膏药泥，印版即可取下。新的膏药泥黏性较强，但是质地过软，难以凝固硬化，不能使印版固定，须将一点点面粉糅入新的膏药泥，使其达到粘版却不粘手即可使用。

膏药泥需要加热使用，特别是在冬季，膏药泥升温软化就要用到烘灯。烘灯，以木头制成盒状，上面的木板有圆洞，用以观察膏药泥软化状况。底板上放置一块玻璃板，膏药泥放在玻璃板上。内置白炽灯，打开电灯令盒内升温，即可将膏药泥慢慢烘软。

6.砚台

研墨选用细腻、发墨的砚台,常用产于广东的端砚、安徽的歙砚等良砚。如果砚台质地粗劣,则会磨出石灰钙质,影响墨色的清亮与纯黑,印色会偏灰,叫作"败墨"。砚台形状最好是有研磨面也有储墨池的,因为要保持印作的整体墨色统一协调,最好将墨一次性磨好了备用。研墨用水,宁少勿多,在砚中徐徐加少量清水慢慢研磨墨锭,用力均匀。研磨太快太重,易使墨粒粗糙。"磨墨如病夫",说的就是速度要缓,力量宜轻。研磨过程也是清净心境,为后面的印制调整好工作状态。砚台使用完毕,必须随即清洗干净,勿留积墨,勿用宿墨,勿积灰藏垢。

[贰]工艺流程

"饾版"木版水印技艺主要可分为审稿读画、分版勾描、木版雕刻、制色印刷等四道工艺,完成后再对画幅进行装裱装帧。"拱花"技艺是在上述工艺以外,又增加了砑纸凸线技艺。

一、准备工作

1.审稿

一是分析可信度,玩味原书画作品,识别其真伪,审视其品格。赝品字画不可印制流传,否则是对原作者的大不敬,也是欺世行为。画品低下者的作品不可印制行世,印制的作品的艺术品位、历史价值、收藏价值应该当得起流芳万代。

二是研究可行性,揣度原书画作品的用笔、用墨、用色、构图等,是否适合木版水印技法的发挥。墨色洗练,色彩明快,笔法灵动,构图巧妙,这样的画稿,才适合于木版水印技法的发挥,这是形成木版水印作品精、雅、秀风格的一个基础,不然就吃力不讨好。

2.读画

审稿定稿之后,仍然要先谋而后动,由勾描者、刻版者、印制者三方一起,进行"读画"。《随园诗话》说:"画家有读画之说,余谓画无可读者,读其诗也。"中国画常抒发文人情怀,画中有诗,"诗以言志"。无论原作者是通过诗直抒胸臆,还是通过画像来表现自己,

读画

勾描者、刻版者、印制者三方共同读画，就是要透过视觉而直抵原作者的心灵，与原作者几近心领神会，才能在后面各道工序中制作出精品。

同时，读画也为从各个技术角度出发，分析画稿的构成要素，共同商讨、谋划各道工序中的技术处理方法。

3.临摹

临，是对照着原作进行的写与画。摹，是用薄纸蒙在原作上面进行的写与画。临得其笔法，摹得其结构。临摹结合，起初以与范本相像为目标，然后从形似逐渐过渡到神似。临摹是掌握原作技法，揣摩原作神韵的主要途径与手段。木版水印的范本来自不同年代、不同作者，即使修养很高的画师，也需要通过临摹，渐渐与原作者心

临摹

气相通，达到对原稿的用笔、用墨、用色、用意有深度的理解，才能对画稿进行科学地分版，艺术地勾描。

二、分版勾描

1.分版

套色木版水印古称"饾版"。饾，就是饾饤，也写作斗饤。《食经》："五色小饼，作花卉珍宝形，按抑盛之盒中累积，名曰斗饤。"饾版因由许多版面拼凑而成，有如百饾并陈，"饾"字形象地概括了它丰富多彩的特点。

分版，就是对书画原作进行深刻解读分析后，分色定版。一幅画稿，因其用笔及色彩变化的不同，在木版水印中不能一版印成，必须分成许多版次，多次叠印。根据原画的色彩浓淡、水分干湿、层次重叠、尺幅大小等因素，分拆版块。把所有同一色调的笔迹分归于一套版内，画面上有几种色调，便分成几套版。分版通常是一版一色，但为了表现色彩的过渡与一笔多彩的效果，有时也使用一版多色。简单的色调一般需要几套至几十套分色版，复杂的甚至要做几百套。复制一些大型复杂的作品，甚至需要拆分成上千块版样。这种分版方式，就是"饾版"。

分版时要讲究分与合矛盾统一的关系，必须考虑完成印刷后总的画面质量以及便于印刷等因素。一是版面分与合的关系。并非版子分得越多，最后印出的效果就越好。有时，画面上一些特别丰

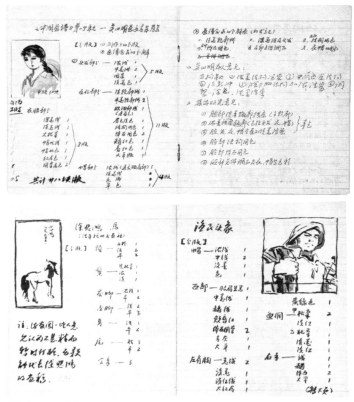

原水印工厂分版笔记

富滋润的东西，版分多了，印出来反而生涩干枯，失去原稿的自然气韵。所以，分版时要顾全大局，不必过多关注细枝末节，以尽可能少的套数去反映原稿的真实面貌和气韵。二是工序分与合的关系。画面上的用笔、皴擦、干湿、繁简、工写、设色，在研究分版时都应找

研究分版

出注意的重点和表现的方法措施，以便分版择套。经雕刻后，按着分择的顺序一套套地刷印，再现出原稿的风韵和艺术特色。这些都是勾描者应该向刻者、印者提示注意的方面，使勾、刻、印达到有机结合。

2. 勾描与复描勾版

中国画的笔法、墨法、设色法在每幅画中都有不同，给勾描技艺提出了挑战。仅仅以白描为例，前人就总结有十八描，即高古游丝描、琴弦描、铁线描、行云流水描、曹衣出水描、蚯蚓描、蚂蟥描、钉头鼠尾描、柳叶描、枣核描、橄榄描、战笔水纹描、撅头描、竹叶描、混描、折芦描、枯柴描、减笔描等法，用墨有泼墨、破墨、积墨、焦墨、宿墨等法，设色有重彩、淡彩、泼彩、罩染、渲染、没骨等法，不一而足。要做好一幅木版水印，要求勾描底稿清晰，需要在复杂的情况下，找出简单又准确的操作方法。简单地说，原画稿的基本类型一般可分为工笔白描和写意水墨两大类，勾描时，工笔白描宜用铁线描，写意水墨宜用双勾法，另外再辅以他法。

铁线描法。铁线描法是传统勾描单线的主要方法，也称为影写勾描。因这种方法色描的线条形状如铁丝，故名。它是一种没有粗细变化、遒劲有力的圆笔线条。清代王瀛描述："用中锋圆劲之笔描写，没有丝毫柔弱之迹，方为合作。"此法适用于勾勒以线条为主的画面，例如工笔白描人物衣纹、工笔双勾花卉等。

双勾法。双勾法是木版水印中勾描块面的主要方法。即用细的

双勾

线条，沿着原画作的笔迹周围以双勾法勾描，这样可以减少误差，忠实地传达原作笔触的形质和神韵。当然，原画中会出现线条本身很细的情况，如用双勾勾描，必将虚弱不清，应改用影写勾描法。

勾填法。遇画面中有广阔状笔迹，在用双勾法描成之后，再将笔迹填实，类似勾勒填彩法或双勾设色法。复描中，把双勾笔框空白处笔迹涂上黑墨填实，这样才能显示出原稿的形和神，并可以避免雕版中把实地刻成线条的失误。

勾皴法。以双勾法加上飞白直书或秃笔皴擦法的一种，两法并用，最考验勾描者笔下功夫。"飞白"即中国传统书法中丝丝露白，像枯笔所写的笔触，中国传统绘画中的皴、劈也有似飞白的笔触。北宋黄伯思说："取其发丝之笔迹谓之白，其势若飞举者谓之飞。"飞白，往往是即兴发挥的意外效果，即使让原作者再写一笔，也不可能复制绝对相同的飞白。如果用勾填法勾描，只能忠实于原作的轮廓形状，神采难免板滞。此时，不妨选用秃笔，循着原稿的笔韵，大胆落笔，细心收拾。复制的飞白肯定与原作不尽相同，可以对照原作，在后面的工序里继续修正，臻于神形兼备。

重叠描法。是在特殊情况下运用的一种勾描方法。通常的分色勾描是以色阶的深浅度为依据的，但是遇到两笔交叉、重叠时，交叉、重叠处的深浅度就会不同。在这种情况下，只好将同色阶深度的笔触勾描成为两张底稿，以达到忠实于原稿的目的。

　　分段描法。也称分片描法，多用于勾描大幅的画面。即把一幅大画分成若干局部，分别进行分色勾描，制成雕版用底稿。分段描法的作用，在于减少印刷时套版的伸缩，以求印刷套版的精确。

　　拱花描法。拱花虽然是以凸出或凹下的线条来表现花纹，呈现半浮雕的效果，类似现代的凹凸印、浮雕印。但是，为了将高出纸面的凸花砑印得精准，也是需要勾描的。在勾描时，将整体图形和细部图饰如实地描在底稿上，用以成阴版。拱花描法分为素拱和套色两种。素拱不着墨，因是纸的本色，阴版只需勾描一次即成。如遇套色拱花，则要在拱花版底稿描成后，再照拱花版底稿描出彩色部分。

　　为保护原画作不受损伤和污染，勾描宁可费时费工，采用复描勾版的方法。先用赛璐璐纸覆在书画原作上进行勾描，类似于摹

复描

稿。将画面上的线条、皴擦和色块，根据不同的分版，分别一套套地描摹下来。一遍勾描完成后，再用薄而半透明的雁皮纸覆在勾描好的赛璐璐版上复描。因赛璐璐纸是一种不透水的透明胶纸，而雁皮纸透墨，须这样二次勾描，才不会污染书画原作。复描时必须对照原稿，将描好后的画稿，反复仔细检查其笔触、神韵与原稿有无出入，以使复描出的版样与之酷似。复描稿将作上版之用，成为雕版所需的底稿。之后，再根据原作的色调和印刷需要，分别勾出几套版备用。

勾描应如实再现原稿不同风格的笔墨特点，做到纤毫毕见、神韵皆备，要把原作笔情墨趣的精微之处如实地反映出来。将原稿中线条的起伏、转折、顿挫和化版，以及"枯笔"（飞白）的粗细、疏密、虚实，笔画的去势都认真地表现出来。同时，又要审度笔触的错综穿插和混合色的过渡，以求在之后的刻版印刷时更易达到理想效果。所以，勾描者需要具有相当高的书画功力，又要熟悉刻、印的工序和效果，以忠实于原作和便于刻版印刷为原则。

三、木版雕刻

（一）流程

1.选材

根据原画作的风格和刻版者的掌控，选择最合适的木板材质。尽量选用同一树种的木板，以免水印时受潮出现不同的涨缩。不

选材

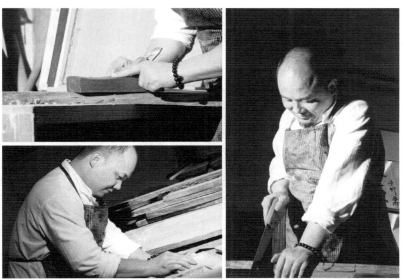

修整板材

要选用有结疤的板材，以免走刀不畅和着色不均。分清木板横断面与纵断面的不同，以及木板年轮对所刻画稿的影响，处理好各种关系。受木材尺幅的限制，刻制大幅作品就需要许多块木板拼接，套色也需要许多块木板，需依照分版勾描稿的大小与数量，选择不同规格板材，刨平修整。之后，在选好的木板上注明版样的标号，便于以后检索。

2.上样

对应分版勾描稿版面大小形状，在木板上用手指揉涂一层薄糨糊，将勾描稿正面朝下反贴在木板上，使其变成镜像版，这样，画面印制后才是正的。粘贴勾描稿，切不可扭曲打皱，以避免造成画面变形，否则必将导致印刷套版不准，直接影响水印品质。粘贴中用刷子拍打稿子使粘连牢固，并排除气泡空鼓。粘贴妥当后，上样版

上样

置于阴凉处晾干，不可暴晒或风吹，以免崩裂。

因纸质勾描稿在接触糨糊后，极易出现拉长、褶皱等变形的现象，特别是在上大面积版样时，样稿很容易收缩和起皱，所以，上样时，要求首先，往木板上敷设的糨糊要薄且均匀，稿纸上板要准且快，一次性粘贴平整，不可拉拽，稍有迟缓，稿纸就会变成废品；其次，刷子拍打的速度，必须掌握好，不小心就会戳破稿纸。

3.起样

起样又称"搓样"。在版样上样版阴干后，用手轻轻搓掉一层稿纸，只留下一层薄薄的纸纤维，使墨稿笔触细部清晰显现。版样纸通常有雁皮纸、毛边纸、宣纸三种，此三种纸的纤维粗细不一，韧性

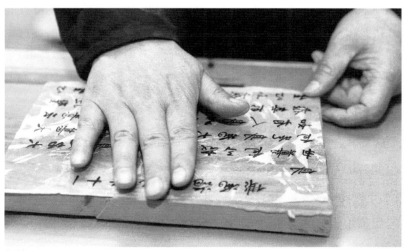

起样

有别,故搓样时要区别对待。如在雁皮纸上画的墨样稿,墨会渗到纸背,起样时,样稿易被搓糊。对此,可以在样稿上样版阴干后再用湿抹布覆盖一会儿,使表面受潮,然后用手搓样,这样就不会搓糊。搓完再次阴干后,用金相细砂纸轻轻将版面磨光,甚至用砑石做砑光处理。

起样的关键是不能搓损底稿,手势的轻重缓急必须掌握好,不可搓破稿纸使木板露底,以能看清底稿细部笔迹的起始和笔墨特点为度。

4.刻版

刻版即雕刻版面,也称"雕版""镌版",是木版水印工艺中技艺性很强的重要环节。刻者以刀代笔,以板当纸,凭借艺术修养和精湛技艺,生动地表现出画稿的形态和气韵。刻版时需做到以下几点:

第一,要意在刀笔之先。经过读画,有了对原稿的意境、笔法、墨法等的充分了解,才能以刀代笔,以板当纸,进行再造。刻版虽是分版完成,但是,刻者的心中要有全局画面,手中的刻刀需有庖丁解牛的分析力。落刀前,对原稿笔画粗细、顿挫、转折,布局开合、起伏、转承等,都要烂熟于心。落刀时,看清笔的走势,依势运刀,刻出的线条才能气韵贯通,如原稿一般笔走龙蛇,结构才能严谨协调,如原稿一般完整妥帖。如果心中只有分版的局部,眼睛只盯着笔锋

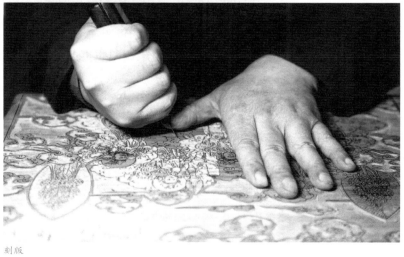

刻版

所落之处，就会畏首畏尾，气韵失散。《十竹斋笺谱·李克恭序》说"刀头具眼，指节通灵"，即身心俱畅的意思。

第二，刀如笔，要顺手、锋利。执刀如执笔，要悬腕，运腕力。书画有"骨法用笔"，刻版同样要有"骨气"、要有力量，刀要拉得挺拔、流利，没有停滞的感觉或粗细不匀的现象，要让线条走得挺而健，手劲须用得匀而稳，起笔落笔要交代清楚，落刀收刀都要干脆，须一气呵成，刀刀都留有笔意，不能被样稿上笔描的形迹所局限，更不能指望靠之后补刀来弥补修正。

第三，刀不同于笔，要掌握刻刀自有的特殊性。表现一笔线条，刻版中就是在该线条笔画的两边刻线，一根线条的挺拔要靠两边的刻线，一边刻挺了另一边也同样要挺。在刻第一条边的时候要特别注意，因为刻另一边是对照已刻出的一边来用刀的，如果第一条边稍有偏颇，整个版面就报废了。遇到较长线条，一刀刻不尽，运刀之中会有停顿，这时要注意两刀的交叉和衔接，二次下刀时，应循前个刀口，避免露出二次下刀的断点或起落的刀痕。刀尖要放得下、提得起，吃木的深度完全在手的掌控中。刻圆弧细线时，先刻外圈，再刻内圈。刻密集细线时，以轻力下切，刀锋中正。遇到交叉线时，需轻轻滑过交叉的横线，再用刀切，将空地剔掉。

第四，木版不同于纸，要掌握木版水印的特殊性，不可机械地依循线上的勾描线的粗细进行雕刻。因为印制时，木版线迹边缘上的墨色会因为运刷而自然溢出一些，使线条变得臃肿，所以，阳刻线应该适当偏细一点，阴刻线应该适当偏粗一点，印制出来正好与原画吻合，加上水在其中起到的洇润作用，效果就会与原画笔墨神似。

5.剔空

剔空也称为"铲底"，就是把版样轮廓线或其他墨迹以外的空地用刀剔除，它是每套木版完成雕刻后的收尾工作。

剔空这道工序要求将版面剔净、剔细，同时又须保证画面不被损伤。下刀要胆大心细，每刀铲下去的力量应该均衡、适度，不可触及线条。长线边上用刻刀挑崩废木时极易损线，这时，要靠近线条

剔空

发刀，并且斜着入刀，将废木切成丝状，使之容易剔落，或用小平口刀直接铲掉。另外，剔空时要注意深浅和版型，掌握合理的坡度，从而避免印版的变形，增强线条耐刷力。

6.拱花刻版

拱花是一种不着墨的雕版印刷方法，以凸出的线条来表现花纹。拱花刻版的画面与饾版的画面正好相反，它的画面是向版面下凹的。如果说饾版是阳刻，拱花就是阴刻，其镌刻工序与上述饾版工序相同，但是，由于画面是由下凹的那部分构成的，刻掉的是勾描线，所以刻线更像作画，剔空的部分比较有限，要分外注意。如果原画的笔画凝重，刻线可以较深一些；原画的笔画轻灵，刻线也应该较浅一些。遇到较粗壮的笔画，刻线也必然较粗，此时就需要局部剔空。拱花刻版的下凹线不可过深，过深了会在矸印时拉断印纸的纤维。下凹线的沿口、底面也不可留有木刺，否则会损伤印纸。

(二) 基本刀法

版样上的墨迹，一般分为两类：线条和皴笔。木版形态一般分为：线条版、枯笔版、平版及拱花版。刻版根据墨迹和木版形态的不同，采用不同的刻刀和不同的刀法，主要是拳刀法、崩刀法、切刀法。

拳刀法。拳刀法是刻版的主要刀法。雕刻线条时，主要用弧形的拳刀。持刀的姿势：右手握拳刀，将刀柄全部握入手中，拇指按于刀柄上端，其余四指紧握刀柄。左手大拇指扶刀，配合右手控制走

拳刀法

刀的方向，同时防止滑刀，左手其余四指与手掌压住木版使之固定。刀转弧形时，一面右手拿刀转动，一面左手转动木板协助，这样刻出的弧线才能流利挺劲。拳刀法的动作主要有：推刀、摇刀、沉浮刀、刮刀、晕刻、断刀、补刀等。推刀：右手腕稍悬空，五指运力，启动刀柄，力注刀尖。左手大拇指扶刀，辅助推动运刀。推刀时，刀身略直，即中锋入木，则棱角分明，刀痕较深些；刀身稍倾，即侧锋取势，则线条变化，刀痕较浅些。摇刀：一边运刀，一边左右摇动拳刀，使刻出的线条斑驳有致，熟练运用，印出效果可出现金石般崩口。沉浮刀：一边运刀，一边上下调整拳刀入木的力度，形成深浅自由，粗细不同而又整洁的线条。刮刀：用平刀或斜刀将木版表面纤维微微刮毛，同时结合拳刀补刻，印出效果可出现皮毛的质感。晕刻：卧锋贴木，将版面从浅到深削去，形成坡度，印出效果可出现薄如蝉翼的浓淡变化。断刀：先在线条的尽头横刻一刀，再从头运刀刻线，刻到断刀处自然不会滑出线外，在刻一排整齐线条时常用此法。补刀：长线条一刀刻不尽，再补一刀时，交叠前个刀口，紧密衔接，不露痕迹。

崩刀法。崩刀法主要用于表现写意画中的皴笔飞白。持刀的姿势：右手执崩刀，犹如执笔中锋，刀需立起来一些。崩刀的刀尖戳进木板，紧靠墨迹，向墨迹外用力崩挑，去弃木屑，形成干皴或飞白的效果。崩刀的用法繁多，且非常灵活，刻者必须配合木纹的走向，将刀势分为来回、里外、左右、斜直等，无论向哪个方向崩挑，都应尽可能顺着木板的纹理才不会崩劈叉，这一点，在选材上样时就应该考虑周全，安排妥当。运刀时要注意轻重缓急，以免损伤应留的笔迹。崩刀应尽量磨得锋利，钝的崩刀拉拉扯扯很不利落，挑不下木头，自然也崩不出细的点子。此外，崩刀的弹性也很重要，应根据版面和画面的需要，准备数把软硬不同的崩刀备用。

切刀法。切刀法用于剔空。大切为"凿"，中切为"刻"，小切为"雕"。凿：需剔除大片多余木面时，根据需要选用大小圆口或平口

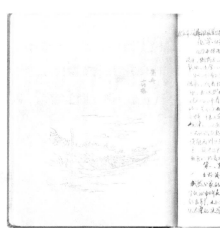

十竹斋杭州西湖笺谱笔记本

的凿刀，抵住空白板地，用木榔头敲打凿柄进刀。刻：右手执凿刀，左手扶住凿柄，把凿柄顶在右肩胛窝上使力，这样进刀比用榔头敲打浅些。雕：对于线条密集处，用刻刀小心剔除，防止凿刀误伤版面。

四、制色印刷

1.上蜡修面打样

上蜡。用电烙铁将白蜡融入版上的枯笔处或凹处、棱角处，以及线条交叉处，防止印画时积水积色，污损印纸。

修光。用木贼草或细磨石磨去刻版时留在版面上的刀锋底痕。同时，将版边缘的棱角磨圆，避免水印时印纸上出现多余的版痕。

修毛。视印制需要，将部分版面打毛，增强其吸水性和吸色性。

打样。旧称"试印""试样"，是检查版面有无失误或不足的方法。在木版水印的试印过程中，不但可以检查版面勾刻得是否得当，有无不足，还能在试印中总结调兑颜色及印刷方面的经验，以利于接下来的正式印刷。

2.压杠夹纸

将待印宣纸或画绢的右端平整地用压杠夹于印案垂纸孔右侧，置于压杠下，用压石压好。先用粗绳固定压杠的一端，拉紧扎紧后，再固定另一端。压杠略高于枕木，勿太紧，以免皱纸。

压杠

制子要比印纸略高，印版比制子高一些或齐平。

3.闷纸

闷纸，用喷壶器往宣纸或画绢上均匀地喷水，使之平展湿润，利于水印效果的发挥。闷纸时，两张、三张或五张一喷，然后用潮湿的报纸夹好，平放，上面可覆盖一层净白湿布，防止干得过快，再以压石压十五至三十分钟，使水珠均匀透过印纸。喷水范围须大于印版版面，但不能将水喷到制子之外（即压杠和制子之间），否则易产生拉纸不准。喷水也要适度，讲究又匀又细。如喷得过湿，印出的线条易软；太干，则印出的线条不润且露纸纹。喷水还要考虑版面的实际情况、印刷时的气候湿度等客观因素，如晕色的版可多喷些水，表现枯笔的版则要少喷或不喷水，留其自然纸纹；阴湿多雨时，要少喷水，防止纸张发霉；冬秋两季，气候干燥，宜多喷水；印制大版面时宜多喷水，版面小则要少喷，也可不喷；印纸侧面接触空气，易干，所以要适度多喷水。

闷纸闷好了，水印就成功了一半。同一台画，闷纸的湿度要一致，否则纸张伸缩性不同，印刷时影响套版精度。闷纸要适时，注意时间长短。纸张初闷，水分吸收尚不均匀，此时印刷会产生化色现象；闷纸时间过长，则不化色。一般闷纸的湿度以拉起纸来无声即可。

闷纸

4.安版

安版，即将水印所用的套色木版按先后顺序用膏药泥水平地固定在印案的左侧，以便依次印刷。一般先印主版、墨色版，再印副版，由远到近（先印离制子远的版）。用膏药泥粘版前，要先以描样纸来对版，对版不可差分毫，一版对不准必定会影响其后的印版。对好版后，将直尺（或木条）放在版边作为基准，将版子反面粘上膏药泥，固定在印案上。

5.调色

应将印刷所需的墨或色，一次调准、备足。将调好的颜色置于瓷碗中，印刷时可蘸取色液于调色盘中待取用。调色时，应熟知颜料中植物色、矿物色的不同特性，以及诸色的性质和合色的变化规律。同时还要注意到陈色、陈墨较新鲜色、新鲜墨的不同效果，以区别应用。此外，还要充分了解广胶、树胶、甘油等材料的性能，以便在调色中视不同需要灵活使用。调色时，还需考虑颜色在干湿时不同的浓淡变化（色干时会稍淡于湿时），以及托裱后的发色效果。因颜料会沉淀，水色会愈印愈浓，所以水印时须经常搅拌。初印时，版面吸色少，印品色淡，而后会愈印愈深，如印量大，可边印边加适量清水，以使印品颜色保持一致。完成当天的印刷后，颜色碗要用玻璃板盖好，防止水分过多蒸发。第二天续印时，如发现颜色碗中颜色稍干，可视碗壁色水痕迹略加清水。

擦版

6.上色

在木版上上色，包括擦版、掸色、运刷、用笔等重要工序。

擦版。擦版就是在上墨上色之前，先将版面擦上一层清水，再用布擦净表面水分，使版面保持潮湿，这样才易于上色，也能使所上的墨色和印刷的墨色均匀。擦版要注意水分恰当和均匀，只要潮湿就可以了。

掸色。掸色又称"掸活"，以"颜色蘸"蘸取不同深度或不同色相的水色，先后掸到印版上。要使印成的作品既有深浅浓淡变化，又有色彩自然交融，在掸色时，使用水量、色度必须恰到好处，要求动作迅速、敏捷，防止水色流动和浸串得过分，防止色彩与原画相差悬殊。掸色与中国传统绘画技法有异曲同工之妙，要求印者精通中

国传统画理、画法，不能只求形似，更要表达出作品的内在神韵。

运刷。运刷即用圆刷均匀地刷印版面。运用腕力，讲究腕平指实。印者要视不同版面要求来决定运刷方向及揸色的方法，一般是由外往里。同一块版子、同一画面，要避免出现越印越深的现象，刷子、毛笔、印版的色度自始至终须保持同样深浅。有意加深色度，可在刷子上加少许糨糊或胶；如需减淡，可用抹布沾清水将版擦净或擦淡，或将圆刷洗淡、擦淡后再上色印刷。水色的比例要适度，太湿，则线条渗化，会变得粗、软；太干，线条则会显得干、枯。

用笔。笔是配合圆刷，给版面中的精细局部着色添笔时用的。用笔要求将水色用笔画写到版子上，而非涂染，追求浑厚滋润、笔力苍劲、气韵生动，使作品有笔有墨，充满水墨情趣。同时，印者也可以充分发挥各种辅助工具的效用，如以纸卷或将毛笔头剪平，制成秃头笔，用以吸枯笔或制造毛涩的笔触效果。

7.拉纸

拉纸，即把印纸拉平和翻页。右手翻起印纸，送于左手拉平。左手食指、中指将印纸夹住。对好对版标记，然后用耙子刷印。完成运耙刷印后，食指、小指将印纸向上托起呈元宝形，使纸不沾染底色。印刷完成后将纸放入漏案。拉纸时，左手与制子和右手三点成面。拉纸适度则纸平展于版上，过紧则纸皱，过松则容易沾版。拉纸的松紧度需每张纸相同。印前可用一张纸反复练习，印十数次线条，

拉纸

不产生复线方可正式印刷。下耙前，纸不能先放到版面上，要用耙顺势把纸压到版面上。这样才不会印出纸纹，露出麻点，使得线色均匀。

8.运耙

运耙，就是用耙子把印纸压到木版上运行印制。执耙时，右手食指、拇指控制耙子中段，虎口空，后掌靠在耙子上，三点用力，手背与小臂平；食指与后掌往下压，拇指结合中指、无名指、小指将耙子左右夹紧，并向上提。运耙要"准、快、实"。准，就是下耙要准，下去就是印处；握耙轻重须恰到好处；走耙方向应根据画幅中笔墨的走势而定，轻重虚实，应根据画幅大小、着墨浓淡而定。快，就是运耙要迅速轻快，从整体到局部，从大块的色面到局部的细节，如运

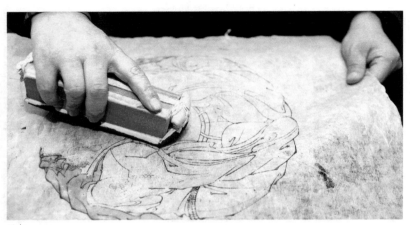

运耙

耙过慢,印纸容易粘住版面。实,就是耙要落在实处,运耙时的力度要恰到好处,不能过重,也不能过轻。

9.衬干

印好的水印作品,每两张夹于一张衬纸中,上下以两块玻璃板夹紧,再加压石,置于大压板上(压杠上置一块大画版)。约半小时后更换衬纸。如此两次之后抽出衬纸,将衬干的画纸悬在水印台的孔隙处(印杠和制子之间),使其自然晾干。

10.换版

换版,也叫起版,就是印完一套版面后,把已印好的版子撬下,换下一套版面印刷。方法是用铲刀撬动木版,由于粘版用的膏药泥已经硬脆,一经撬动自然与漏案分开。将换下的版子用清水洗净存放后，再换上下一套版面印刷，直至整幅作品完成。水印工作完成后，应将用过的圆刷及时洗净，最后擦净水印台。

11.拱花

拱花，先将下凹的阴版妥当安版，再将印纸拉到版上，用拱锤垫上薄毡片拱研，或以重手法运耙印制。遇到极细的线条，可以用薄纸覆盖在印纸上，用小棕帚或小狼毫笔隔着薄纸轻刷，能既产生研印又不伤纸。拱研的手法应由轻渐重，让闷好的印纸的纤维慢慢在阴版里拉长，防止爆裂开。拱研完毕后轻轻顺势拉纸起来，防止被阴版刻痕刮伤。画面研印完成之后，图形便凸出纸外，产生犹如浮雕的效果。拱花作品完成后不可衬干，否则浮凸的笔画会被压平、压皱。应该在作品未干的时候，用小纸条把印纸四周粘在墙上或木板上，挺着阴干定型后，作品就会平整而拱花凸显，拱花作品才算完成。

拱花有素色、套色之分。如果是套色拱花，就是饾版水印与素色拱花的结合，上凸的阳版和下凹的阴版分别用于水印和拱研。阳版、阴版做好对版标记，印制时仔细对好，避免偏差。

拱花结合饾版

四、杭州木版水印技艺的传承发展

杭州木版水印走过了萌芽—繁荣—式微—复兴的历程。目前，杭州木版水印技艺在政府、民间团体、个人的共同努力下，得到保护和传承。它与时俱进，实现了与新时代的对接。

四、杭州市版水印技艺的传承发展

[壹]传承体系

一、传承谱系

随着历史的发展，木版水印技艺形成了自己的传承谱系：

唐懿宗咸通九年（868），王玠刻印《金刚般若波罗蜜经》扉

水印工厂二十世纪六十年代的老照片

页画。

明代，黄应光、黄端甫、黄子立等。

明胡正言，创立十竹斋彩色木版水印。

清代，李笠翁和沈心友，芥子园木版水印。

中华民国，鲁迅、郑振铎、王荣麟、左万川、崔毓生、岳海亭。

中华人民共和国成立初，张漾兮、夏子颐、张玉忠。

20世纪50年代末，张耕源、陈品超、俞泓、王刚。

1990年至今，杭州十竹斋艺术馆魏立中。

2003年至今，杭州十竹斋艺术馆魏立君。

从右边图示中，可以更加清楚地看到杭州木版水印技艺的传承脉络。

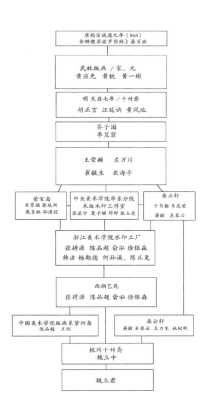

木版水印历史渊源

唐懿宗咸通九年（868）金刚般若波罗蜜经》扉页画

武林版画／宋、元
黄应光 黄铣 黄一彬

明天启七年／十竹斋
胡正言 汪廷讷 黄凤池

芥子园
李笠翁

王荣麟 左万川
崔毓生 岳海亭

荣宝斋
来景播 张延洲
戴长林 孙连旺

中央美术学院华东分院
木版水印工作室
张漾兮 夏子颐 邝野 张玉忠

朵云轩
于书勤 韦志荣
蒋敏 吴琴云

浙江美术学院水印工厂
张耕源 陈品超 俞泓 徐银森
韩法 杨期德 何孙谟、陈正苋

西湖艺苑
张耕源 陈品超 俞泓 徐银森

中国美术学院版画系紫竹斋
陈品超 王刚

朵云轩
蒋敏 吴琴云 王力生 杜绍明

杭州十竹斋
魏立中

魏立君

二、人物小记

杭州木版水印技艺的传承、复兴、发展，是一代代木版水印人艰苦奋斗、无私奉献、开拓创新的结果，凝聚着许许多多艺术家、学者、工匠的心血和汗水。在这个进程中，有几位关键人物发挥了特别关键的作用，根据现存可以参考的历史资料，做人物小记简单介绍。

1.黄应光、黄端甫、黄子立等

黄应光，字观父或曰观甫，生于明万历二十年（1592），卒年不详，徽州虬村人。虬村黄氏是中国古代最大的刻书世家，据清光绪年间刊行的《虬川黄氏重修宗谱》载，黄氏自第二十二世始刻书，自明正统至清道光年间，父子相传，兄弟相济，子孙世业，族中先后有四百余人从业，其中雕镌过版画的亦不下四五十人，如黄应光、黄端甫、黄子立等，都是活跃于万历至崇祯间的名工圣手。安徽黄氏刻工所镌以戏曲版画为最多，较为工细，成就为当时最高，形成明代木刻版画隽秀、健美、婉约的徽派艺术风格。到了明万历中晚期，徽派木刻版画如日中天，焕发出惊人的异彩和旺盛的生命力。更为重要的是，由于杭州的人文环境和繁荣的图书市场，吸引了黄应光、黄端甫、黄子立等黄氏刻工长期寄寓杭州，从事雕镌工作。徽派的精工雕镌与杭州的文人气质、佳山秀水相遇之后，形成了带有明显杭州地方特色的、以秀丽典雅为特征的武林版画。

2.胡正言

明末书画篆刻家、出版
家胡正言（1584—1674），字曰
从，别号十竹主人，徽州休邑
（今安徽休宁）文昌坊人，在
兄弟中排行第二，又称次公。
少小颖悟、博学能文，擅长篆
刻、绘画、制墨等许多工艺，
尝从李如真攻六书之学。《金
陵通志》记载："胡少从李登
学，精篆籀。"福王在金陵建
立南明弘光小朝廷后，经吏部
左侍郎吕大器推荐，胡正言精

胡正言画像

心镌刻了龙纹螭钮的国玺御宝，由此被授武英殿中书舍人。明万历
四十一年（1613），胡正言辞官隐居在金陵鸡笼山侧，屋前种十余
竿竹，命室名为"十竹斋"。他足不出户，潜心研究制墨、造纸、篆
刻、刊书。入清后，曾参加以太仓人张溥为首的反清复明组织——
复社，并以"胜国遗民"自居，跋文中虽冠顺治年号，但仍署"前中书
舍人"衔，以示无二志。清康熙十三年（1674），90岁的胡正言，无疾
而终。

　　"十竹斋"既是胡正言的"隐阁",更是他专心从事艺术探索、精研雕刻印刷的作坊,经常雇有刻工十数人。钱应金《印存》中赞曰:"先生善隶书,旁及翎毛、竹石、兰卉,靡不博极,其致而以篆学专门,无怪其谱传博雅简精工也。"博学能文的幼学功底,使得胡正言的十竹斋不同于其他民间书坊,格调更显高雅。十竹斋出版各类诗、书、画集,此外,还有医学书、语言学书、《论语》点评等。天性颖异多巧思的胡正言,对刻工不以雇佣工匠相待,却与他们朝夕研讨,十年如一日,使得"诸良工技艺,亦日益加精"。当刻画落稿或付印时,胡正言还亲加检点。这表明,在十竹斋水印木刻的制作过程中,画家与刻印工人是处于密切合作的状态,与此前画家与刻工工作相互分离的情况迥异,这使得画家能理解刻工的制作,刻工也能加深理解画作的艺术特色和意趣要点,从而使画家的意图能够准确地通过工人之手得以生动体现。画家与刻工的沟通,既是使我国版画创作的艺术含量得到飞跃性提升的一个重要的关键环节,也为今天的版画工作者们提供了宝贵的经验和启示。正因为此,胡正言和名刻工汪楷等合作创"饾版""拱花"技法,印制的《十竹斋书画谱》和《十竹斋笺谱》开创了古代套色版画的先河,成为中国版画印刷艺术史的巅峰,开启了彩色印刷的辉煌时代。此外,胡正言还著有《印存玄览》《胡氏篆草》《竹斋雪鸿散迹》及《说文字原》一卷、《六书正讹》五卷、《古文六书统要》二卷等。

3.陈洪绶

明代画家陈洪绶（1599—1652），字章侯，号老莲，诸暨人。乡试未中后，曾于崇祯十五年（1642）至北京捐国子监生员，召为内廷供奉。明亡后，于顺治三年（1646）入绍兴云门寺为僧，号悔迟、老迟。后还俗，以卖画为生。

陈洪绶画像

陈洪绶师法蓝瑛、李公麟，诗书画具精，创作题材广泛，造诣均深，尤以人物画著称于世。其画作以简洁、洗练的线条和色彩，沉着、含蓄的表现手法，体现了孤傲倔强、高古奇特的艺术个性，而后自成一家。晚年人物画常以夸张的造型、变态怪异的形象，突出表现人物的性格特征；花鸟等描绘精细，设色清丽，富有装饰味，亦能画水墨写意花卉，酣畅淋漓。陈洪绶与明末画坛上另一位人物画家崔子忠有"南陈北崔"之称，他的影响在当时已是"海内传模者数千家"。

陈洪绶曾创作过不少版画，为明末清初杰出的武林版画家，作

陈洪绶花鸟画

品以《九歌图》《水浒叶子》和《西厢记》等插图最为著名。青年时所绘《九歌图》中的《屈子行吟》，将古代爱国诗人屈原被放逐后形容憔悴、忧国忧民的形象塑造得很成功。《水浒叶子》为其中年时期的作品，惟妙惟肖地描绘了40个不同面貌、身份、精神气质的人物。《西厢记》的插图，则不仅具有鲜明的情节，且形象突出、章法奇妙，是古代插图画中的杰作。他的绘画线条简洁遒劲，使人物形象更加明朗，使整个画面富于装饰情趣，非常适合版画这种表现形式。

4.张漾兮

版画艺术家、教育家张漾兮（1912—1964），四川成都人，原名张国士，曾以漾兮、江苇、舟子、程又文、陈朴、周永礼、雷浪等笔名发表作品。1936年，张漾兮到成都《新民报》任画刊编辑，后又任教于四川省立艺术专科学校，1937年，参加《时事新报》《国难三日刊》的编辑工作，并从事木刻创作。1944年，张漾兮从朋友处得到一本毛泽东《在延安文艺座谈会上的讲话》和在讲话精神指导下所发表的一批解放区木刻家的作品，他认识到，像以往一样仅仅以同情的心情去描绘劳动人民的苦难是不够的，木刻应该像鲁迅的杂文那样，是投枪，是匕首。1945年起，他的作品便以新的面貌出现，后期作品注重借鉴中国传统绘画与民间艺术，多以简练明快的艺术手法表现现实生活的新风貌，富于抒情意味和民族特色。其代表作品有

张漾兮作品《抢米》

张漾兮作品《人市》

《人市》《抢米》《送饭到田间》《西泠桥》，出版过《张漾兮木刻选集》。1945年，主编《自由画报》周刊。1948年，在香港参加人间画会。1949年起任教于国立艺术专科学校，即后来的中央美术学院华东分院、浙江美术学院。

张漾兮先生对杭州木版水印技艺发展作出了很大贡献。

张漾兮作品《西泠桥》

1954年，张漾兮先生主持创建浙江美术学院版画系并任系主任，还专门成立了国内最早的水印木刻工作室。1955年，张漾兮出访匈牙利、罗马尼亚，带去一批国内版画家的作品，与国外版画家交流。归国后，他深切认识到：要使中国的版画在世界艺术之林占有一席之地，作品必须有本国的民族风格，强调"版画中要有中国气派，要有民族风格"。因此，他在版画系大力提倡开展版画民族化的探讨，在坚持现实主义创作方针的前提下，积极探索和开拓多样化的表现语言并身体力行，创作了既反映时代生活又富有民族民间特色的优秀作品，对浙江乃至中国版画艺术的发展影响深远。1956年，张漾兮先生派夏子颐、张玉忠到北京荣宝斋、上海朵云轩学习全套的传统木版水印技艺，并赴江南各地大量收集民间年画、蓝印花布等原始资料。1958年，学校办工厂，把"水印木刻工作室"改为"水印工厂"，专门就此项技艺开展教学和研究。传统文化艺术资源进入专业教学体系，为该系的教学和科研创作带来了崭新的、别具一格的面貌，也在"出作品、出人才"方面取得了出色的成绩：该系学生吴光华的水印版画作品《舞狮》在国际上获奖，毕业生陆放、张玉忠、陈聿强、张新宇、朱琴葆、吴凡等在工作岗位上持续以水印版画创作获得一致的赞誉，成为国内重要的新一代水印版画艺术家，也为现代水印版画在国内各地的普及作出了积极的贡献。以第一任版画系主任张漾兮先生为首，该系的历届主任赵宗藻、张奠宇、韩黎坤、张远帆等，均高度重视传统版画水印技艺的保护传承和整理研究工作，并注重将其成果有机地融入该系的教学科研和创作中。

5.夏子颐

夏子颐（1918—2000），别名立如，浙江温州人。1934年，进施公敏画社学习中国画。1937年，参加抗日救亡工作。1939年，参加中华民族解放先锋队，开始自学木刻，协助野火推动东南木刻活动，先后加入黑白木刻研究会、中华全国木刻界抗敌协会。1941年，参与组织永嘉战时木刻通讯社，出版《木刻通讯》，并主编出版《瓯江木刻集》。1942年，考入国立东南联大艺术专修科，1946年，转学上海美专西画系。1948年，在新四军浙南游击纵队任宣传队长，1949年，

夏子颐（居中），摄于1995年

任中共温州地委文工团艺术指导。1950年，调中央美术学院华东分院任版画系讲师。1983年，任浙江美术学院（现中国美术学院）师范系主任，副教授。系中国美术家协会会员、中国版画家协会会员、中国美术家协会浙江分会理事、浙江美术教育研究会理事。曾任浙江美术学院附中校长，湖南美术学院副教授、系主任。作品有《海路渔民》《闻一多像》《秋趣》《憩》《浙南民兵》等。出版有《夏子颐画集》。1956年，受浙江美术学院版画系委派，带着张漾兮先生的嘱托，到北京荣宝斋、上海朵云轩学习全套的传统木版水印技艺。学成回来，在浙江美术学院版画系水印木刻工作室及后来的水印工厂

夏子颐作品《清晨》

工作，发挥了带头作用。反右风波，他受难其中；"文化大革命"十年，亦不能幸免，他先前保存的木刻原版均荡然无存。粉碎"四人帮"后得到平反。

《闻一多像》是他的木版水印代表作。1946年7月15日，闻一多先生在昆明发表《最后一次讲演》，当晚即遭国民党特务暗杀。当时，夏子颐正在上海美术专科学校学习，并担任中共地下党学生运动负责人之一。闻一多先生的遇难，激起了他满腔的悲愤。于是，他夤夜挥刀，赶刻了一幅木刻版画《闻一多像》，立即寄给了叶圣陶先生。叶老不顾白色恐怖的重压，在他主编的《中学生》杂志上首先发表这幅木刻版画，同时，又刊发了美术评论家平野撰写的《评子颐的闻师刻像》。文章说："整个画面以白描笔触组成，没有一般刻人像者所惯用的篱笆式的排线的衬阴。这种排线作风，是模仿欧化的遗毒。而作者却纯以中国风味的线条，充分把握对象的质量感，以简练的线条，正确地找住脸部肌肉解剖。这正是融化中西技法的最高成功。因此，画面的感觉是明朗、坚实、淳朴，带着浓厚的东方艺术的气魄和韵味，这一点是目下一般木刻作品所难做到的，尤其值得重视……所以从我的眼光看来，这是子颐的一幅杰作，也可说是近年来木刻界的一幅杰作。"《闻一多像》目前被中国美术馆收藏。

夏子颐《闻一多像》

6.张耕源

又名张根源，号散翁，1938年10月生，祖籍江苏张家港市，是现代肖像印的开拓者。由中国美术学院退休，现系西泠印社理事、肖形印创作研究室主任、中国书法家协会会员、浙江省书法家协会顾问、浙江省文史研究馆馆员、浙江省篆刻创作委员会名誉主任、浙江开明画院副院长、杭州十竹斋艺术馆木版水印艺术顾问、新加坡墨澜社海外顾问等。先后出版《梓人印集》《耕源印存》《篆刻起步》《世界名人肖像印》《中国美术家——张耕源》《中国篆刻百家——张耕源》《张耕源作品集》等。1998年，在巴黎国际艺术城举办个人艺术展，受到希拉克总统接见，被收藏书法两幅、肖像印一枚；1996年，获第二届国际肖形印展大奖。

张耕源、俞泓、魏立中、陈品超（左起）

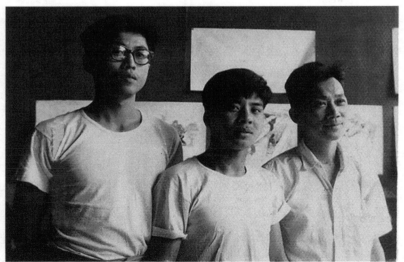

张耕源、陈品超、夏子颐（左起）

　　张耕源在浙江美院毕业后留校工作，随即受命去北京荣宝斋和上海朵云轩等单位学习，后又经数年之实践，系统掌握了木版水印的知识，为了印制潘天寿先生《雁荡山花》的木版水印画，手刻饾版130多块，成为当代杭州木版水印技艺的先行者。

7.陈品超

　　1939年生，浙江乐清市人。1961年毕业于浙江美术学院版画系，留校从事传统木版水印研究与教学。现为浙江省书法家协会会员，浙江逸仙书画院特邀书画师，浙江陶行知研究会理事、副秘书长，杭州十竹斋艺术馆学会委员会委员、顾问。其书法、刻字作品多次入选全国邀请展，中日书、刻字文化交流展，中日兰亭笔会东京展等

师父陈品超在十竹斋书写关于木版水印技艺的介绍

展览，作品被日本收藏。著有《现代木版水印浅谈》《古代木版水印制作程序》等文章。陈品超既工书画，又善木刻，他技艺精湛，造诣非凡，尤擅用刀之法。陈先生长年在中国美术学院任教，桃李芬芳，薪火相传。

8.魏立中

1968年6月出生于浙江省嵊州市黄泽镇，为杭州十竹斋艺术馆创办人、馆长，杭州长江实验小学十竹斋木版水印体验馆授课教师，浙江省优秀民间文艺人才，杭州市民主建国会会员。魏立中于2012年荣获中国非物质文化遗产生产性成果保护大展突出贡献

2012年，传承人魏立中进行金刚经的木版雕刻

奖，2014年，获得第三届中华非物质文化遗产传承人薪传奖。他推动杭州木版水印技艺成为"非遗"，其作品先后在江西省美术馆、四川大学美术馆、浙江美术馆、北京中国美术馆展出。2018年，他成为第五批国家级非物质文化遗产代表性项目"杭州木版水印技艺"代表性传承人。

魏立中先生自幼学习绘画艺术，擅长绘画、篆刻。1990年，就读浙江美术学院（现中国美术学院），师从赵燕、冯远、全山石、张耕源、陈品超，同时，得到吴山明、张远帆、丁正献、徐银森等名家指点，坚持30多年，终于学成一手好刀法，担当起传承和弘扬这门绝技的责任。

[贰]保护措施

一、政府的保护体系

（一）名录体系和振兴计划

杭州木版水印技艺，于2014年11月入选第四批国家级非物质文化遗产代表性项目名录，2018年，入选第一批国家传统工艺振兴计划项目。目前，该项目拥有国家级非物质文化遗产项目代表性传承人一名、杭州市非物质文化遗产项目代表性传承人一名。

（二）保护机制

一是明确指导思想。认真贯彻落实党的十九大精神，以习近平总书记关于弘扬中华优秀传统文化系列重要讲话精神为指导，深入贯彻落实《中华人民共和国非物质文化遗产保护法》,围绕《中国传统工艺振兴计划》确定的目标任务,按照《浙江省实施中华优秀传统文化传承发展工程工作方案》的相关要求,结合杭州木版水印技艺的资源和项目实际,在政府层面制定战略规划和保护制度,构建传统文脉传承体系和文化产业发展体系。结合发展繁荣文化事业和文化产业、精准扶贫、旅游发展等工作,积极探索"非遗"保护和振兴传统工艺的有效途径,广泛开展面向社会的技艺培训,鼓励人们从事传统工艺生产,引导杭州十竹斋艺术馆作为非物质文化遗产生产性保护示范基地发挥示范引领作用。

二是建立保护机制。除了对"非遗"代表性项目和代表性传承人给予应有的专项资金补助以外,十竹斋属地下城区人民政府将"非遗"工作纳入"文化强区"建设,纳入区有关部门及街道、社区精神文明建设和文化建设年度绩效考核目标之一,把杭州木版水印的传统工艺展示、传习基础设施建设纳入文化旅游提升工程和文创产业发展项目,并按规定给予优惠政策。先后制定了《构建"文化下城"全面提升区域文化软实力专项行动计划(2017—2019年)》《战略规划》《保护制度》《杭州市下城区非物质文化遗产保护专项资金管理办法》《杭州市下城区人才发展"十三五"规划》《杭州市下城区人民政府关于促进"5+1"产业发展的实施意见》《下城区文化创意竞争性分配资金管理办法(试行)》等政策,旨在加快培养造就适应现代化建设需要的传统工艺经营管理人才和学科技术带头人，针对文化创意产业给予相应的财力支持和办公用房补助，对被评为国家、省（部）重点文创企业的，分别给予一次性奖励；引导、扶持下城区文创产业，按项目投资额的20%以内给予资助，最高不超过20万元；鼓励传统工艺大师、"非遗"项目传承人积极申报"杭州工匠""下城工匠"，申报下城区文化创意竞争性分配资金，鼓励其参与"258"人才培养计划人选选拔，参与杭州市职工高技能人才培训，对应给予相应的经费扶持、物质支持、精神奖励和人文关怀。下城区人民政府还将所属长江实验小学内400平方米场地，无偿给予杭州十竹斋艺术馆作为"非遗"进校园的教学体验馆。

三是实施全面服务。除了对传承人服务，也探索金融服务，建立传统工艺制作单位无形资产评估准则体系，支持杭州木版水印技艺的融资发展，鼓励金融机构开发适合传统工艺企业特点的金融产品和服务，加强对传统工艺企业的投融资支持与服务。

四是优化资源配置。政府充分发挥公共文化服务体系的作用，发挥省、市、区各级"非遗"保护中心的作用，发挥项目专家指导组的作用。目前，省、市、区、街道都分别建立"非遗"文献图书馆、综合展示馆，通过活态展示、活态传承、互动参与、拓展开放等形式，展示非物质文化遗产保护成果，彰显"非遗"地域特色及其丰富性和多样性，形成"非遗"代表性传承人的传承活动中心、实物资料的收集展示中心、"非遗"保护的研究中心、宣传交流的传播中心。既为"非遗"保护传承工作搭建平台，也为市民群众熟悉、体验、学习杭州木版水印技艺创造了空间。

五是搭建新型平台。完善浙江省"非遗"数据库资料，将杭州木版水印技艺的相关资料完整录入数字档案；完善门户网站"杭州文化社区网·下城区文化超市网"http://www.wh21.cn的"非遗"成果的信息互通共享工作；推进杭州市"互联网+'百工百匠'"的自媒体及电商第三方合作的"非遗"产品产业发展渠道；搭建手机终端的传统工艺传习教学平台；提升改善杭州十竹斋艺术馆现有微信公众号shizhuzhai1627、新浪博客http://blog.sina.com.cn/u/2736657892等。

二、责任单位的保护措施

杭州木版水印技艺的保护责任单位——十竹斋艺术馆，不仅是美术馆，还是活跃的艺术创作中心。目前，传承基地有三个部分：中山北路上350平方米的杭州十竹斋艺术馆、长江实验小学内400平方米的十竹斋木版水印教学体验馆、北京的十竹斋艺术馆。作为保护责任单位，十竹斋艺术馆对木版水印技艺的传承、发展采取了一系列保护措施：

（一）发掘整理记录

抢救古遗存，全面搜集历代刻版、传世作品，以及国内外出版

国家图书馆捐赠证书

物上的有关文献资料，进行整理、建档、保护，建成藏品丰富的实物资料库和数据库；组建研发团队，开展技艺研发活动，复制历史优秀作品，抢救恢复面临失传的工艺；采用录音、录像、图像、文字等方式，全方位记录木版水印技艺、方法、材料、工具等学术资料；编撰图文和视听著作，有重点、有系统地梳理艺术特色、工艺流程等，较好地记录保存"国非"项目资料。目前，编辑出版的《十竹斋文献集成》已被国家图书馆永久收藏，《十竹斋版画艺术》《十竹斋木版水印技艺》《饾版风华》等专题著述在学界小有影响，众多的普及读物也影响甚广。

魏立中在北京十竹斋给北航附中学生授课

（二）培养传人

实施国家艺术基金资助项目"十竹斋木版水印专业艺术人才培养"计划，以培养当代中国优秀传统木刻版画领域的青年精英为目标。一方面请二十世纪五十年代起就从事木版水印的三位木版水印名家和十竹斋木版水印非物质文化遗产代表性传承人亲自授课；另一方面，诚请中国国家图书馆、中国美术学院、西安美术学院硕士生导师、资深专家、教授结合传统，进行水印版画的理论与创作实践培训。在一年时间里，根据协议要求，十竹斋出色地完成了十名木版水印艺术高端人才的培养。

十竹斋艺术馆作为责任保护单位，也制定了"非遗"保护措施、传统工艺振兴计划、五年规划、代表性传承人津贴制、学徒晋级制等具体化、针对性的办法，从而推进"非遗"项目长期有效地传承并取得成果。

设立国内奖学金，吸引青年才俊。十竹斋"魏氏木版水印奖学金"在中国美院版画系设立，寻找和培养未来木版水印传承人。

设立国外奖学金，助推"非遗"出国门，如在英国伦敦王储传统艺术学院设立"华韵十竹斋木版水印奖学金"。为全世界各地的木版水印爱好者提供私人订制式的体验课程，每年资助外国青年学习进修木版水印技艺。

立足十竹斋木版水印艺术馆，由传承人收徒教学，面对面、手把手地讲授、辅导核心技术，进行高端人才培养。目前，杭州十竹斋艺术馆在中国国家图书馆举办十竹斋木版水印一年期的培训班，收8名学徒；在杭州小学生中，选出22名学生，让他们正式拜师学艺。

共建"非遗"特色学校，培育下一代。十竹斋艺术馆为长江实验小学高年级的学生们提供木版水印基础课程，在学生们幼小的心灵中播撒中国传统艺术的种子。

（三）创作精品

魏立中、魏立君等学习木版水印30余年，刊印了《富春山居图》《十竹斋笺谱》《十竹斋书画谱》等传统精品，也创作了《富春山居图·剩山图》《廿四节气》等原创精品。木版水印作品《西湖十景水印笺谱》被选为杭州西湖申遗国礼，《世界名人》木刻肖像印系列被选为G20杭州峰会国礼。目前，十竹斋艺术馆还打算成立传承小组，在专家团队指导下，精益求精，推动传统手工技艺提升，创作更多木版水印精品，适时申请专利，保护"非遗"成果。

（四）传播技艺

实施国家艺术基金交流传播推广支持项目"中国印刷术的活化石：十竹斋水印木刻艺术作品展"。参加国内外各类展会以及举办文化交流活动，弘扬传统文化。十竹斋艺术馆利用西博会、中国"非遗"产业博览会、中国国际文化产业博览交易会及全国各地举办的其他文化创意产业类会展，国际化会展，中国文化与自然遗产日，中国传统节日等契机或载体，扩大社会影响。在国家图书馆古籍馆、中国美术学院美术馆，并受邀在德国纽伦堡博物馆举办"十竹斋木版水印艺术传承文献展"。"十竹斋木版水印艺术"作为中国非物质文化遗产生产性保护成果大展项目，不仅于联合国成立七十周年时在瑞士日内瓦联合国总部万国宫里展示展演，还在美国大都会博物馆、美国亨廷顿国家图书馆、纽约联合国总部展览。十竹斋艺术馆还赴比利时皇家美术学院、巴黎美术学院美术馆开设木版水印课程。

十竹斋艺术馆长期向社会开放，进行活态展示。又开辟"非

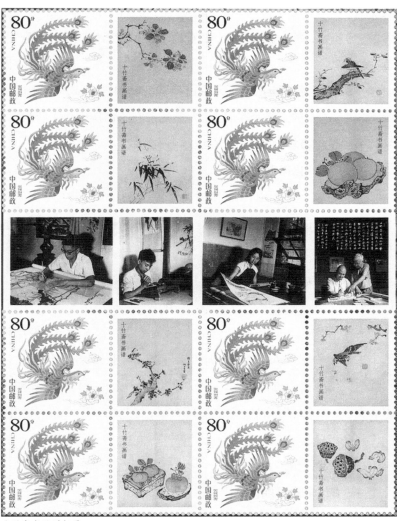

十竹斋书画谱邮票

遗"教学点进行传承传播,将"非遗"带进校园,带进社区,带进图书馆、博物馆,通过讲座培训、观看教学片和互动体验等,传播"非遗"文化。

十竹斋艺术馆也汇集了大量古今书画家的真迹或木版水印书画,提供装裱、加工修复等服务,为书画家们的创作提供了便利,为繁荣书画艺术市场、增进文化交流作出了贡献。

(五)产业化探索

邀请专家、学者担任顾问,举办十竹斋木版水印技艺专家研讨会,开展学术和技艺研讨,拟制定行业技能标准和进行教材、题库的开发。

与高校、研究机构进行传统工艺研究合作,探索手工技艺与现代科技的有机融合,提高传统工艺产品设计、制作水平、整体品质和知名品牌,切实加强成果转化,加强传统工艺产品创新,推动传统手工技艺为现代人所接受,加快发展文化产业化,引领传统工艺向优秀文创产业迈进;积极拓宽产品的推介、展示、销售渠道;对外国际交流,探索国际市场,融入国际市场,打造国际化产品,开拓国际化礼品市场。

[叁]经典作品

一、五代宋元早期作品

五代宋元,是杭州木版水印生成的早期。五代时,以佛教题材为盛，宋元时，随着雕版印刷业的全面发展，杭州木版水印的题材丰富起来了，刻印技艺也成熟起来。

1.考古发现杭州最早刊本《宝箧印陀罗尼经》

浙江博物馆藏。1924年9月，杭州西湖雷峰塔倒塌，从塔底藏经

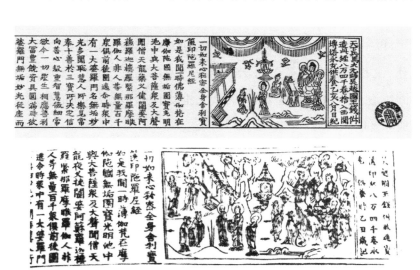

五代《宝箧印陀罗尼经》

砖中发现五代刻本《宝箧印陀罗尼经》，全称为《一切如来心秘密全身舍利宝箧印陀罗尼经》，5.7厘米×205.8厘米，扉页画刻有坐佛，旁立供养人，点缀宝塔、回廊、花幔、花石，卷首镌刻"天下兵马大元帅吴越国王钱俶造此经八万四千卷舍入西关砖塔永充供养乙亥八月日纪"。由此可知，它是五代时吴越国第五任国王钱俶所刻。钱俶（929—988），本名钱弘俶，字文德，浙江杭州人，为吴越国君钱镠孙、文穆王钱元瓘第九子，公元948—978年在位。五代王权为了巩固统治，竭力刻印佛经佛画，客观上推动了杭州木版水印的早期生成和发展应用。

2.宋初精品《弥勒菩萨像》

日本京都清凉寺藏。1954年，在日本京都清凉寺旃檀佛像腹内发现北宋版画《弥勒菩萨像》，53.6厘米×28.3厘米，是独幅版画。华盖下的弥勒结跏趺坐于莲花须弥座上，左手执拂尘，右手托法轮，左右上方的飞天飘然当空，左右下方二供养人颇具唐风。画幅右上角刻"待诏高文进画"，左面刻"甲申岁十月丁丑朔十五日辛卯雕印普施永充供养"，由此可知，该画是北宋雍熙元年（984）刻印。左上角还刻有"越州僧知礼雕"。越州是今浙江绍兴。由《弥勒菩萨像》的刀笔功夫和构图气韵，可见北宋初期浙江刻工的技艺之精妙。

宋初《弥勒菩萨像》

3.民刻《大随求陀罗尼神咒经》、寺刻《思溪藏》、官刻《大方广佛华严经疏》

《大随求陀罗尼神咒经》，苏州博物馆藏。1978年4月，《大随求陀罗尼神咒经》在苏州城西盘门的瑞光寺塔中被发现，为宋真宗咸平四年（1001）杭州赵宗霸雕刻刊本。图中央为释迦牟尼像，环以梵

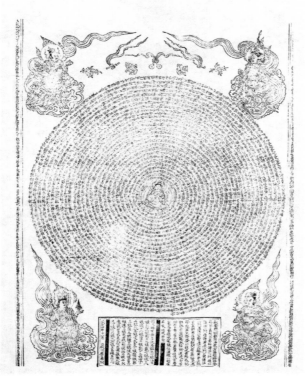

宋真宗咸平四年杭州赵宗霸刊雕刻本《大随求陀罗尼神咒经》

宋太宗太平兴国五年（980）王文沼雕版《大随求陀罗尼神咒经》

文经咒，呈圆圈形排列，共27层，四角为四天王像，上部正中饰以图案，下有汉文。经文绘刻精良。这是隋唐经咒的变本，也是后世织造陀罗尼经被的依据。

《思溪藏》，中国国家图书馆藏，共收经1495部，是现存最早、最完整，且自问世后从未再度面世的一部雕版藏经。宋嘉熙年间在湖州思溪法宝资福禅寺完成刊刻。

《思溪藏》

大般若經第四會序 稱
西明寺沙門 玄則 撰
若夫識之所識曷嘗非識如之所如未始不
如是故能行與所行兼空則攝受之理廢自
性與無性不異則執取之念忘若忘執而有
恃或存縶以隳業知感修而不行乃虛己而
制勝恐野馬之情未戢故靈鷲之談復敞或
曰其在名也每切有行之誡其於實也必警
無行之忌塗致或爽折中奚歸竊應之曰一切
凡夫剖名相之符保癡愛之宅所以措懷有
著擬議必違至真反此動寂斯會由此言之行
亦不行不行亦不行而宛然行矣宛然不行矣
以假名般若授假名菩薩是持幻法與幻人故
無作亦無得此又晨蜉之語歲夢蝶之議覺乎
慨斯取之未頃欣此教之方漸九二十九品一十
八卷即舊小品道行新道行明度經品之為言
分也分有長短故有大品小品焉道行即分中之
初品譯者取以別經明度乃智度之異言即
就揔目為号寔由殘缺未具故使名題亦差
今大教克圓鴻規允布心術之要可復道哉
大般若波羅蜜多經卷第五百三十八
三藏法師 玄奘奉 詔譯
第四分妙行品第一之一

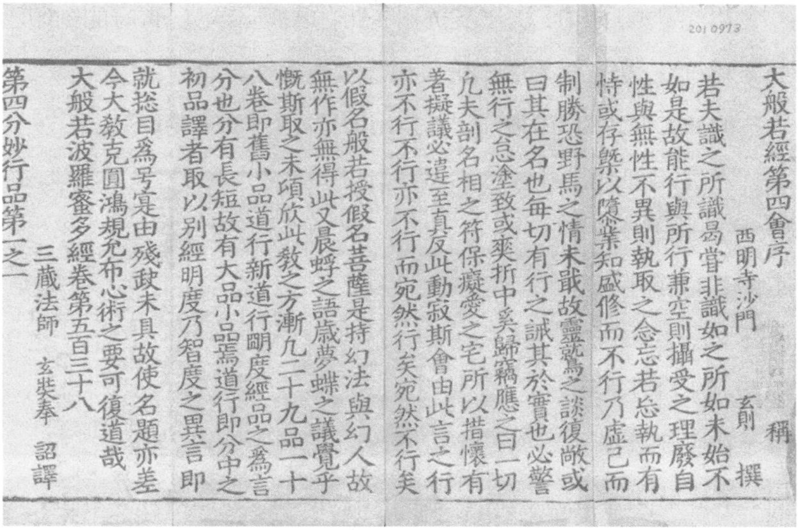

宋靖康元年（1126）至绍兴二年（1132）刻《思溪藏》

大方廣佛華嚴經卷第一之二
大方廣佛華嚴經疏卷第二
清涼山沙門 澄觀述 晉水沙門 淨源錄疏注經
第二古今違順曲分為二先敘此方後
明西域今初諸釋雖衆略敘數家勒為
五門一立一音教謂如來一代之教不
離一音然有二師一後魏菩提流支云
如來一音同時報萬大小並陳二姚秦
羅什法師云佛一圓音平等無二無思
普應機聞自殊非謂言音本陳大小故
維摩經云佛以一音演說法衆生各各
隨所解上之二師初則佛音具異後則
異自在機各得圓音一義然並為教本

宋刻《大方广佛华严经疏》

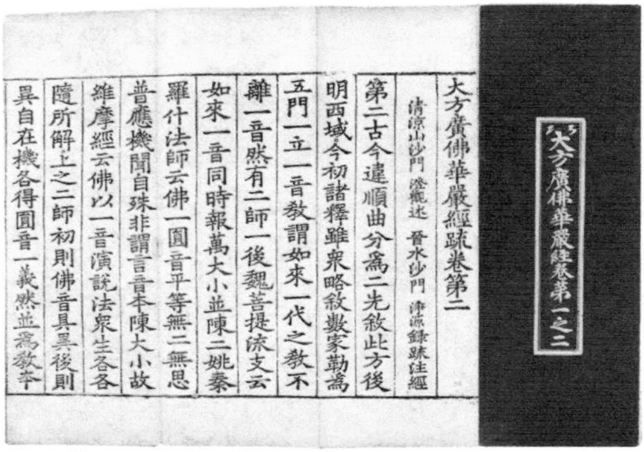

《大方广佛华严经疏》，国家图书馆藏。120卷，全卷无具体的刊刻年代、地点，亦无刻工介绍。中国国家图书馆藏有此经6卷，其中一卷接纸处有“两浙转运司”字样，鉴定为两浙转运司刊本。

由此可见，宋时，杭州及杭州一带的民间、寺院、官府的刻印已经异彩纷呈，极富学术版本价值和艺术观瞻性。

4.刻工署名《佛国禅师文殊指南图赞》《妙法莲华经》

《佛国禅师文殊指南图赞》，日本藏。24厘米×54厘米，用上图下文的版式，讲述善财童子由文殊菩萨指引，修菩萨道法门的故事，是较早的较大型的佛教题材连环版画组图。卷末的右边刻"临安府众安桥南街东开经书铺贾官人宅印造"，刊记刻工"凌璋刁（雕）"。

《妙法莲华经》，国家博物馆

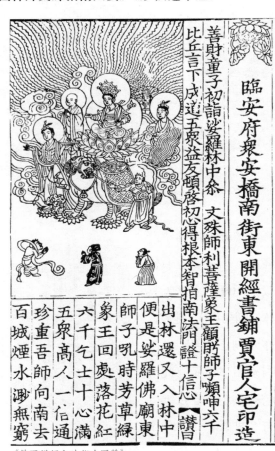

《佛国禅师文殊指南图赞》

《妙法莲华经》

藏，18.1厘米×40.5厘米。画中，释迦牟尼立在莲台，华盖宝光，法相庄严，十方菩萨乘云而来，两边诸弟子、天王、天子、百官来朝。卷末刻"临安府众安桥南贾官人经书铺印"，刊记刻工"凌璋刁（雕）"。

两幅都是南宋嘉定三年（1210）刻本，画面生动，刀笔严谨，刻印技艺已到了较高水平。并且有刻工署名，反映杭州在南宋已经十分重视刻印技艺。

元代，杭州书棚南经坊沈二郎、杭州睦亲坊沈八郎也刊刻过《妙法莲华经》。

5.元代杰作《大藏·慈悲道场忏悔法》《普宁藏》

西夏文《大藏》，国家博物馆藏。江南浙西道杭州路大万寿寺

《大藏·慈悲道场忏悔法》

元刻《普宁藏》　　　　元至元年间杭州路大普宁寺刻本黄麻纸经折装

阿毗達磨界身足論卷上

尊者世友造三藏法師玄奘奉　詔譯

本事品第一

三地各十種　　五煩惱五見

六六身相應　　五觸五根法

有十大地法十大煩惱地法十小煩惱地法

云何一

五煩惱五見五觸五根五法六識身六觸身

六受身六想身六思身六愛身十大地法云

何一受二想三思四觸五作意六欲七勝解

八念九三摩地十慧十大煩惱地法云何一

不信二懈怠三失念四心亂五無明六不正

知七非理作意八邪勝解九掉舉十放逸十

在所習三十七道品之法無所破壞壞轉於法

輪而不斷絕三寶之教又問誰與佛乎菩薩曰

大王能興篤信了本無者也又問誰與篤信乎

菩薩曰若有能發菩薩心者也又問誰與發菩

薩心乎菩薩曰其有志性定不亂者也又問誰

有志性定不亂乎菩薩曰其行大哀未曾絕者

刊印于元大德十年（1306），3620卷，其中的《慈悲道场忏悔法》附有扉页画，高26.8厘米，刻工署名"俞声"和"何森秀"，是元刊刻本的杰作。

《普宁藏》，陕西省图书馆藏。江南浙西道杭州路余杭县大普宁寺刊印于元泰定元年（1324），5931卷，附有扉页画，是已知元代所刻大藏经中保存最多的一种。作品刻工精巧细致，装帧古朴典雅。

二、明清鼎盛时期作品

自明万历到清初，为杭州木版水印的鼎盛时期。此时的木版水印技艺继承宋元，吸收徽派技艺，名家与名工珠联璧合，创作了各种题材内容的大量插图，还有画谱类的经典之作，更是一份重要的文化遗产。

1.传承宋元的扉页画《鬼子母揭钵图》

明永乐年间《金刚经》扉页画《鬼子母揭钵图》，浙江博物馆藏，27.7厘米×111.4厘米，是描绘鬼子母皈依佛教的故事的长卷式绘画作品，传承宋元的宗教题材和技艺，场面宏大，构图严谨，内容颇为丰富，雕刻、印制技艺精湛，可称得上是我国古代版画中的鸿篇巨制。资料表明，凡此内容，各版本皆不如此图画丰富而生动。此版画足以证明明代早期雕版印刷技术的发达程度。那种精工细雕的技艺对后来发展起来的徽派有很大影响。

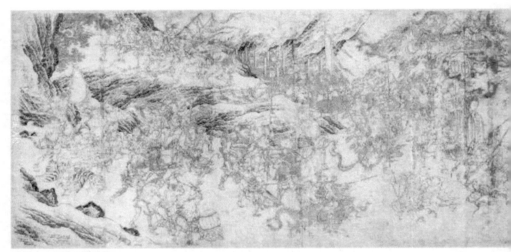

《鬼子母揭钵图》局部

《鬼子母揭钵图》局部

《鬼子母揭钵图》局部

《鬼子母揭钵图》局部

2.地理图谱《西湖游览志》《西湖游览志余》《西湖志类纂》《西湖志类钞》

《西湖游览志》《西湖游览志余》，浙江图书馆藏。明嘉靖二十六年（1547）刊刻，钱塘田汝成辑撰《西湖游览志》24卷，《西湖游览志余》26卷，其中，插图14幅，双面版式，20厘米×28厘米。

《西湖志类纂》，李一泯藏。明万历七年（1579）刊刻，俞思冲编，汪弘栻绘，3卷，附图1卷，双面版式，20.3厘米×25.7厘米。

《西湖志类钞》，浙江图书馆藏。明万历年间刊刻，俞思冲编，汪弘栻绘，3卷，双面版式，20.3厘米×25.7厘米。

《西湖游览志》插图

《西湖游览志余》插图

《西湖志类纂》插图

《西湖志类钞》插图

3.传记图谱《孔圣家语图集校》

《孔圣家语图集校》,浙江图书馆藏。明万历十七年(1589)刊刻,11卷,图40幅,单面版式,20.8厘米×13.5厘米。武林吴嘉谟撰,程起龙绘,黄组刻。

4.经籍图谱《新刻历代圣贤像赞》

《新刻历代圣贤像赞》,日本蓬左文库藏。明万历二十一年(1593)钱塘胡文焕校刊,2卷,单面版式。

《孔圣家语图集校》插图

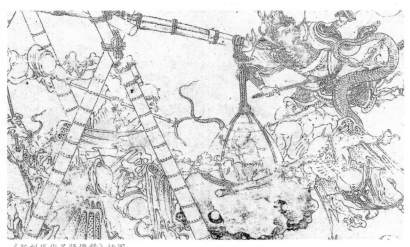

《新刻历代圣贤像赞》插图

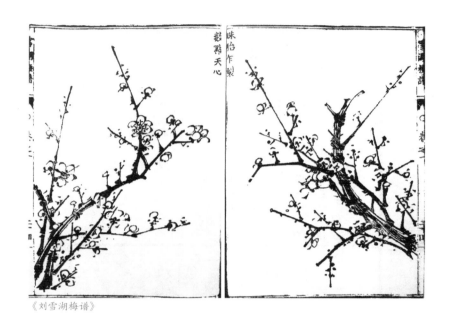

《刘雪湖梅谱》

5.画谱《刘雪湖梅谱》

《刘雪湖梅谱》，浙江图书馆藏。明万历二十三年（1595）刊刻，2卷，梅花画26幅，单、双面版式，23.3厘米×16厘米，刘世儒撰，王思任辑。

6.百科图谱《文会堂增订不求人真本》

《文会堂增订不求人真本》，日本东京大学藏。明万历二十八年（1600）刊刻，烟水山人编，月光版或图嵌文中版结合，单面版式。

拍手歌

今歲收成分外多
更喜官府沒差科
六家喫得醺乜醉
淺斟低唱拍手歌

木樨四月間將樹枝扳着地以土壓之
至五月自生根一年后鑿斷八月後栽
菊菊種不一清明前分種去老根先將
水澆活次用棕雞鴗毛浸水澆之養水
亦可夏初時防菊虎其傷嫩枝如被傷
處郎掐去二三分許則不蛀立梅后其
重自无搯去小繁蕊則花大蓊閛可接
合也

《文会堂增订不求人真本》插图

《李卓吾先生批评西厢记》插图

7.戏曲图谱《李卓吾先生批评西厢记》

《李卓吾先生批评西厢记》，日本宫内厅书陵部藏，明万历三十八年（1610）武林刊刻，2卷，百回本，卷首冠图20幅，双面版式，26.6厘米×22.5厘米。李贽评，赵璧绘，杭州黄应光、吴凤台等雕刻。作品中，各种不同性格的人物形象跃然版上，幅幅美妙精致，均属上乘之作。

8.散曲图谱《吴骚合编》

《吴骚合编》，台湾藏，明万历四十二年（1614）尚白斋刊刻，4卷，插图16幅，双面版式，黄应光、黄端甫等合刻，两人都是当时的

《吴骚合编》插图

雕刻名家，幅幅插图都雕印得很精美。

9.诗文图谱《小瀛洲十老社会诗图》

　　明万历四十一年（1613）海宁刊刻，6卷，图1卷，为十老人物写照，十页连式，单面21.2厘米×14.6厘米，雕刻名家黄应光刻。十老人物形象传神，画卷刊在其诗文卷首，别具一格。

10.词令图谱《彩笔情辞》

　　明天启四年（1624）刊本，辑词令200余首，20.5厘米×25厘米，双面版式，武林人张栩编，黄君倩雕镌。张栩卷首自序："图画俱名笔仿古，细摩词意，数日始成一幅。后觅良工，精密雕镂，神情绵邈，景物灿彰。"

《小瀛洲十老社会诗图》插图

《彩笔情辞》插图

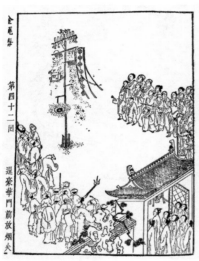

《新刻绣像批评金瓶梅》插图

11. 小说插图《新刻绣像批评金瓶梅》

与明万历词话本不同，明崇祯年间刊本加入木版插图，全本一百回，每回插入两图，20.6厘米×13.8厘米，单面版式，相当精美。兰陵笑笑生撰，刘应祖、刘启先、黄子立、洪国良、黄汝耀合刻。

《张竹坡批评全像金瓶梅》插图

　　《金瓶梅》为经典小说，在清康熙三十四年（1695）又再版重刊《张竹坡批评全像金瓶梅》，20.5厘米×13.5厘米，单面版式，影松轩刊刻。

12.酒牌图谱《水浒叶子》

　　明崇祯年间刊刻的一种酒令牌子，18厘米×9.4厘米，每页是水浒英雄人物造型，由当时著名书画家陈洪绶绘图，著名刻工黄君倩雕镌。画家照顾到镌刻和印刷的表现能力，用简洁明快的笔触绘图，此作品成为画家、木刻家珠联璧合的佳作。明末又有黄肇初重刻。清顺治十四年（1657）醉耕堂刊、陈洪绶绘《贯华堂第五才子书

《水浒叶子》

评论出像水浒传》，17.7厘米×10.2厘米，其中的小说插图、前页图、后页题赞均脱胎于《水浒叶子》。

13.医药图谱《本草纲目》

《本草纲目》，浙江图书馆藏，清顺治十二年（1655）重刊本，共16册，图2册。明李时珍撰写，陆喆绘图，清项南洲刊刻。

14.方志地图《浙江通志》

《浙江通志》，法国国家图书馆藏，清康熙二十三年（1684）刊本，50卷，图23幅，双面版式，以传统三点透视法绘制地形图。

《本草纲目》

《浙江通志》

三、对杭州木版水印产生重要影响的作品

十六世纪前后，明代版画盛极一时，尤以徽派为著，徽派又以黄氏为著。徽派黄氏多在杭州书坊进行刻印，故对于杭州的木版水印起到深刻影响。

金陵十竹斋主胡正言继承徽派，又通过多年探索实践，创立了木版彩色套印的典范，使印刷出与原作相比几可乱真的彩色图画成为可能。

《程氏墨苑》

1.徽派四大墨谱《程氏墨苑》《方氏墨谱》《方瑞生墨海》《潘氏墨谱》

《程氏墨苑》12卷，明程大约辑，丁云鹏、吴廷羽绘，黄镞、黄应泰、黄应道、黄一彬镌刻。明万历三十三年（1605）安徽新安程氏滋兰堂刻彩色套印，共收录程大约所造名墨图案520式，内中有一幅《天姥对庭图》，用五色墨，有红色、黄色的凤凰和绿色的竹子。此谱首创

《方氏墨谱》

《方瑞生墨海》

用单版涂色和分版五色赋彩套色相结合印刷，绘刻俱精，是徽派版画中的代表作，是明代彩色印本中重要的作品。

《方氏墨谱》8卷，明方于鲁辑，丁云鹏、吴廷羽、俞仲康绘图，黄德时、黄德懋等镌刻。始刊于明万历十一年（1583），成于十七年（1589），共收录方于鲁所造名墨图案和造型385式。雕刻精美，线条细如毫发，纤丽逼真，是画家和木刻艺术家合作的光辉典范。

《方瑞生墨海》12卷，明方瑞生辑，郑重、魏之璜绘图，黄伯符镌刻。万历四十六年（1618）刊本，共收古代墨造型148式，方瑞生造墨图案234式。

《潘氏墨谱》2卷，宋李孝美辑，明万历四十年（1612）歙县潘膺祉如韦馆刊。讲解传统制墨工艺过程，有插图8幅，另有李廷珪墨图案造型32式。

明万历年间的这"四大墨谱"是安徽制墨的图样集，同时也是木版水印书籍。原本为了装饰而做的墨锭设计稿变成书籍版画后，既是墨苑标本，又是版画丰碑。

2.金陵画册《十竹斋书画谱》

明天启七年（1627），胡正言集前人之大成，主持刊印画册《十竹斋书画谱》，收录名画、讲授画法，供人们鉴赏和临摹。分为《书画谱》《墨华谱》《果谱》《翎毛谱》《兰谱》《竹谱》《梅谱》《石谱》八大类，收录他本人的绘画作品和他复制的三十家古人及明代名家

1627年刊印的《十竹斋书画谱》

日本出版商于昭和11年
（1936）出版的《十竹
斋书画谱》封套

日本出版商于昭和11年（1936）出版的《十竹斋书画谱》

的名作，每谱大约有四十幅画作，每幅都配有题词、题诗，总共180幅画作和140余件书法作品。胡正言通过多年探索实践，创立了以饾版、拱花为主要技艺的木版彩色套印的典范，使印刷出与原作相比几可乱真的彩色图画成为可能。

明崇祯元年（1633），胡正言又刊印彩色套印本《十竹斋书画谱》。这版画谱于清康熙五十四年（1715）、清嘉庆二十二年（1817）、清光绪五年（1879）几度重刊翻刻。其间，《十竹斋书画谱》传入日本，所采用的饾版、套色印刷技艺也随之流传到日本，并对日本浮世绘文化产生了很大的影响。民国以来，又依据《十竹斋书画谱》印制了五色珂罗版印本、木版水印翻刻本、影印本、邮票等，进一步扩大了它的社会影响。

3.彩色套印戏曲插图《会真六幻西厢》

明崇祯十三年（1640），吴兴（今浙江湖州）闵齐伋（1575—1656），字寓五，编刻《六幻西厢》，卷前写下"会真六幻说"，包括元稹《会真记》、王实甫《西厢记》、董解元《西厢记》、关汉卿《续西厢》、李日华《南西厢》、陆采《南西厢》，又称为《寓五本》《会真六幻西厢》，为戏曲剧本总集，附图21幅，双面连式，五色套印本，明代大书坊致和堂刊刻。卷首图为莺莺像，其余20幅与正文曲词的20折一一对应，全部由彩色套印而成。其印制大量采用饾版技艺，使套色印刷服务于人物塑造和景物烘托的需要，很

2012年影印本《明致和堂刻本六幻西厢记》

好地发挥了木版水印的艺术特点,将饾版这一版刻技艺由画谱、笺谱带入更广阔的创作空间。

4.彩色水印诗笺图谱《十竹斋笺谱》

明天启六年(1626),吴发祥用木版水印技艺印制出彩色的《萝轩变古笺谱》,2卷,188页,是中国现存最早的一部刻版、拱花印刷的笺谱。

明崇祯十七年(1644),胡正言主持刊印《十竹斋笺谱》,为木版彩色水印诗笺图谱,共4卷,收图280余幅。《笺谱》比《书画谱》更为精致艳丽,采用拱花和饾版技艺,把木版水印的两项技艺拱花和饾版发展、完善到尽善尽美的境地,精致艳丽,穷工极巧,堪称明代木刻版画中

瑞士巴塞尔出版商于1947年出版的《十竹斋笺谱》

1942年版《十竹斋笺谱》

成就最高的集大成者，使之成为印刷史上的不朽作品，给印刷史添上了浓墨重彩的一笔。1934年，鲁迅先生和郑振铎先生召集能工巧匠，历时七年成功翻刻《十竹斋笺谱》，使一度销声匿迹的十竹斋木版水印重现江湖。1978年，浙江美术学院水印工厂更名为"西湖艺苑"，重新翻刻了《十竹斋笺谱》，直接促进了杭州木版水印技艺的发展。

5.教科书《芥子园画传》

清康熙十八年（1679），《芥子园画传初集》精刻套版成书。清康熙四十年（1701），《芥子园画传二集》出版，二集分8卷，梅、兰、菊、竹四谱各2卷。《芥子园画传三集》也于同年刊出，分花鸟、草虫两类。

"芥子园"，为清初名士李渔居宅别墅之名。其婿沈心友藏有明代山水画家李流芳的课徒稿43幅，又请嘉兴籍画家王概等整理增编90幅，同时附上了临摹古人的各式山水画40幅，辑成《芥子园画

《清芥子园画谱》初印本

传》，为初学者作楷范。此书是胡正言十竹斋木版彩色套印法的延续和发展，在中国古代版画史和印刷史上具有崇高的地位，同时也是一部相当完备的中国画技法教材。

清光绪年间，嘉兴画家巢勋临摹了《芥子园画传》，增编了一批上海名家的画作，补辑人物谱，成编《芥子园画传四集》，于光绪二十三年（1897）在上海有正书局以单色石印的方式出版，世称"巢勋临本"，为黑白版本，内容较丰富。从此《芥子园画传》得到了更广泛的流传。

三、其他代表作品

1. 套色木版水印《雁荡山花》

木版水印《雁荡山花》，单张（单图），四开，155厘米×150厘米。二十世纪六十年代，著名画家潘天寿作中国画《雁荡山花》。画作由当时的浙江美术学院水印工厂复制成水印版画，主要由张耕源刻版，徐银森印制。依据《雁荡山花》原稿笔迹和设色的深浅、浓淡等分别进行描摹，整幅画作被分解成127块饾版进行套印。由于潘老画面中花卉的色料用色特殊，印制人员难以把握用色用料。于是，潘老提供了原作所用的颜料和纸张，即进口的"西洋红"颜料和"高丽纸"。当时，大约花了2年时间，印制成品50余张，全部经中国工艺品进出口公司出口，国内也就当年刻和印的师傅各留一两张。二十世纪七十年代又进行了再版刻印。

木版水印作品——潘天寿《雁荡山花》 张耕源、陈品超刻,徐银森等水印

　　木版水印《雁荡山花》的印制成功,代表了浙江美术学院水印工厂的技艺水平。此后,在张耕源、徐银森、陈品超、王刚等人的共同努力下,浙江美术学院水印工厂还印制了一大批精品力作,如潘天寿的《荷花》、方增先的《粒粒皆辛苦》、卢坤峰的《毛竹丰收》等。

2.复刻《西湖十景水印笺谱》

1985年，西湖艺苑
根据明刊《西湖十景笺
谱》进行翻刻印制，成
品26厘米×16.5厘米，
1套10种40页，活页，
纸袋装，其上有手工钤
拓之"西泠印社"（朱
文），以及"青龙"肖形
印各一枚。

《西湖木版水印信笺》

2001年，魏立中创作印制新《西湖十景水印笺谱》，从刻印刀法、线条、结构、色彩、套印以及材料等方面，都体现出地道的传统手工技艺，洋溢着优秀传统文化积淀的深厚气息。《西湖十景水印笺谱》于2011年荣获杭州市优秀旅游纪念品金奖。

3.广受欢迎的《一团和气图》

北京故宫博物院藏《一团和气图》，48.7厘米×36厘米，是明成化元年（1465）明宪宗朱见深所作工笔人物画，是中国帝王绘画作品中不可多得的一件稀世珍宝，意在阐释传统的中庸思想，代表了儒释道和平共处的和谐观。粗看似一笑面弥勒盘腿而坐，体态浑圆，细看却是三人合一。左为一着道冠的老者，右为一戴方巾的儒

御製一團和氣圖贊

朕聞晉陶靖節方外門之交
陸修靜亦隱居廬山之良朋
惠遠法師則釋氏之髠是者
也法師居廬山道客不出虎
溪一日陶陸二人訪之興語
道合不覺過虎溪因相與
大笑世傳為三笑圖此豈非
一團和氣所自耶武揮綠華
題識其上

鑒世之有生並戴天而履地
跂均氣以同賦何彼珠而此異
狎近在於一門方達同氣相忌
傳武遠人謾高視笑有像
俯仰不怫合三人以為一達一
心之無二忘彼此之異名和明良其
圖之和氣藹然必式即此建功
頼以此同事事必成功
功必備焉無斯人輔予咸治彼
圖以觀有樂予志聊授華以篇
懷廉以警俗而勵世

成化元年六月初一日

《一團和氣圖》　魏立中刻印

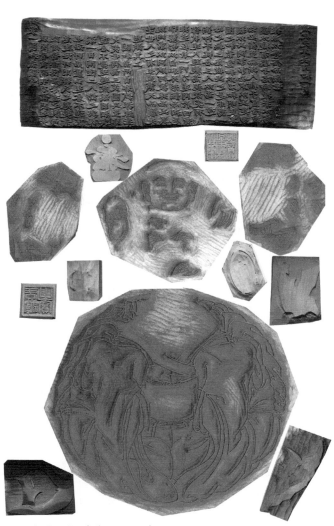

一团和气图　魏立中雕版　2006年

士，二人各执经卷一端，团膝相接，相对微笑，第三人则手搭两人肩上，露出头顶，手捻佛珠，显系佛教中人。作品构思绝妙，人物造型诙谐，用图像的形式表达天下太平的美好愿望。作品线条细劲流畅，顿挫自如，其圆满的构图形式具有浓厚的装饰趣味。《一团和气图》因美好的寓意而被后人喜爱，长期流传。清乾隆元年（1736），乾隆帝命宫廷画家陈枚临摹复制。清嘉庆时期（1796—1820），苏州桃花坞将《一团和气图》以套色木版水印行世。此后，不同版本广泛流传于民间。2010年，魏立中再版复刻印制《一团和气图》，并在刀笔、套色工艺上推敲精进。2010年4月，该作品荣获第二届中国（义乌）文化产业博览会银奖；2017年，在中德建交45周年系列文化活动中展示。

4.水墨氤氲《富春山居图·剩山图》

《富春山居图》是元代画家黄公望创作的纸本绘画，为中国十大传世名画之一，被誉为"画中之兰亭"，属国宝级文物。原画画在6张纸上，6张纸接裱而成一幅约700厘米的长卷，于1350年绘制完成。画作几经易手，并因"焚画殉葬"而一分为二，前半卷《剩山图》收藏于浙江省博物馆。《剩山图》以浙江富春江为背景，画面用墨淡雅，山和水的布置疏密得当，墨色浓淡干湿并用，极富变化。黄公望以独特的"长披麻皴"笔法，用毛笔中锋有力向下披刷，形成画面中土地厚实的质感，山岚白色雾气迷蒙，表现出江南山水的特色。

《剩山图》 魏立中刻印 2011年

2010年，魏立中精心刊刻《富春山居图·剩山图》，勾描笔笔到位，刻版刀刀精致，印刷还原历史，在刀法、墨法、设色、调兑水分等各方面悉心研究，克难攻坚，成功创作木版水印作品《富春山居图·剩山图》，大小为50厘米×99厘米。同年5月，该作品在深圳文博会荣获一等奖，并被选为随浙江省《剩山图》赴中国台湾展出的作品。2011年4月，参加第三届中国（浙江）非物质文化遗产博览会并荣获金奖。

5.复制《金刚般若波罗蜜经》

唐咸通九年（868）王玠刻本敦煌经洞古卷横幅《金刚般若波罗蜜经》，英国大英博物馆藏，是目前世界上现存最古老的雕版印刷刊本，全长496.1厘米，高26.8厘米，共8张纸，其中第一张为木刻扉页画，扉页画长28.5厘米×26.8厘米，有单线边框。扉页画主题为释迦牟尼在舍卫国祇树给孤独园向四众弟子宣说《金刚经》，题记作：

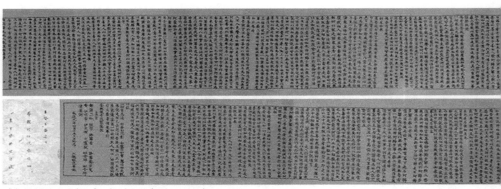

《金刚般若波罗蜜经》 杭州十竹斋制　2014年

"咸通九年四月十五日王玠为二亲敬造普施。"扉页画中央，释迦牟尼身着通肩袈裟，结跏趺坐于莲花筌蹄上说法，上有天盖，配以翠叶；左右有护法金刚；前有一桌，盖布垂地，中铺长条花毡，桌上放

《金刚般若波罗蜜经》 杭州十竹斋制　2014年

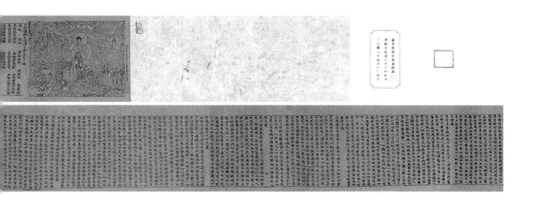

置香炉等供养物，地铺方格七叶图案地毯；桌前，一比丘脱鞋跪于尼师坛，正双手合十问法，旁作榜书"长老须菩提"；释迦牟尼两侧有四众弟子16人，分别为国王、大臣、女众、僧人、菩萨，除僧人身着袈裟，其余均着华装，诸人合十恭立，肃穆听法；上有两天女散花，盘旋于上；下有双狮子听经，躺卧于下。整幅画构图繁简得当，人物表情生动，刀法纯熟细腻，线条圆润流畅，墨色均匀。

2014年，杭州十竹斋艺术馆主持复刻《金刚般若波罗蜜经》全卷，448厘米×23.5厘米，历时8个月，精雕细刻，近40块雕版，采用安徽仿古宣纸、古法松烟墨，以手工水印，再现了唐代雕版印刷艺术风貌，限量重造500部。由魏立中、杜忠芹勾描，魏立中、魏立君、张国宏镌刻，魏立中、刘玥安、王波亮、张宁、马青水印，其中，印章由张耕源、法幢法师友情刻制。

联合国日内瓦办事处总干事穆勒欣赏由马丁·克卢格与魏立中共同用中国传统木版水印技艺创作的《紫气东来》

6.中西合璧《紫气东来》

汉刘向《列仙传》："老子西游，关令尹喜望见有紫气浮关，而老子果乘青牛而过也。"紫气东来，旧时比喻吉祥的征兆。2015年10月，魏立中与瑞士巴塞尔造纸坊副馆长马丁·克卢格合作，共同创作了一幅《紫气东来》图，进行了一场特别的文化交流活动。瑞士巴塞尔曾是欧洲的造纸和印刷中心之一。

7.还原《四美图》

北京故宫博物院藏《四美图》也称《王蜀宫妓图》《孟蜀宫妓

图》，描绘的是五代前蜀后主王衍的后宫的故事。明代唐寅作，124.7厘米×63.6厘米，绢本设色。画中的仕女细腰纤手，顾盼有姿，体态婀娜，削肩狭背，柳眉樱唇，形象丰富、生动，足具唐妆仕女造型特色。仕女面部采用额、鼻、颊的"三白"烘染法，继承宋画用笔精工，设色鲜妍之特色，又体现出明代追求清秀娟美的审美风尚。仕女衣纹作琴弦描，细劲流畅，富有弹性和质感。设色既有浓淡、冷暖色彩的强烈对比，又有相近色泽的巧妙过渡和搭配，使整体色调丰富而又和谐，浓艳中兼具清雅。

这幅画的印制难度相当高。2017年，杭州十竹斋艺术馆以传统的杭州木版水印技艺完成《四美图》创作，作品大小50厘米×99厘米，纸本设色，出色地还原了唐寅作品活脱的笔法，墨色清丽，线条流畅，造型准确，生动形象。

《四美图》 木版水印 魏立中刻印

8.原创系列《廿四节气》

中国的"二十四节气"在2016年11月被列入联合国教科文组织人类非物质文化遗产代表作名录。而早在2014年，魏立中就邀请北京画院画家孙震生绘稿，开始创作木版水印作品《廿四节气》系列，并历时3年完工。作品以绘、刻、印三种手法，对中国传统节气进行了全新的呈现，并以传统装帧形式经折装成册入函，充分展现中国传统艺术的精美和深厚的文化艺术价值。在创作过程中，前后历经原画创作，原画分版、勾描、复描、上样、雕版、按版、涂色、印色等多套技艺流程。细节处，刀法、结构、线条、色彩、套印颇有考究，令人耳目一新。作为2017年度国家艺术基金传播交流推广资助项目的"十竹斋木版水印艺术作品展"将《廿四节气》带进了法国巴黎联合国教科文组织总部展出。联合国教科文组织总干事博科娃观后欣然写下感言："您对充满传奇色彩的中国传统印刷术的保护和恢复让我心生敬仰！感谢您让这古老的印刷术焕发生机。"2018年，杭州木版水印作品《廿四节气》由中国国家图书馆收藏。

all my admiration for the protection and preservation of the old printing technique I one of the marvels of Chinese tradition and culture which continue to enchant us!

Irina Bokova
Director General
UNESCO
23/10/17

"您对充满传奇色彩的中国传统印刷术的保护和恢复让我心生敬仰！感谢您让这古老的印刷术焕发生机。"伊莲娜·博科娃　2017.10.23.

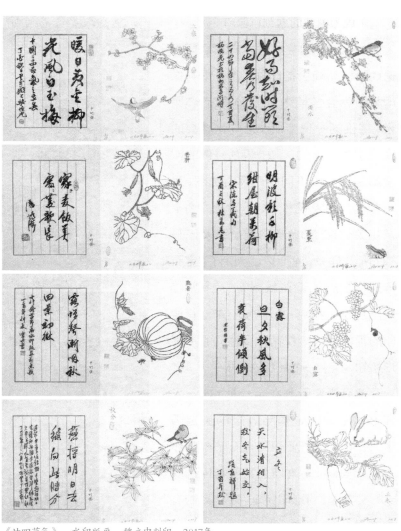

《廿四节气》　水印版画　魏立中刻印　2017年

9.成为国礼的木刻肖像印

2016年，魏立中的木刻肖像印入选G20杭州峰会的国礼。入选的肖像印材质为金丝楠木，印面3厘米×5厘米，每枚刻一位参加G20杭州峰会的成员国领导人的头像，印章一侧的印款都刻上一幅不同的西湖山水图，另一侧边款用宋版书体刻上对应的名字及相关信息。如给美国前总统奥巴马刻的那枚印章，左面边款刻上了"宝石流霞"图案，右面边款刻着"美利坚合众国总统贝拉克·奥巴马之像"。肖像印的顶部是代表江南水乡意韵的半圆形桥钮，挂上一个红色的中国结。

这套肖像印刻在金丝楠木上，发挥好木刻刀法是作品效果的决定因素，木刻的技巧要领与金石篆刻创作不尽相同，而在效果上又要与传统的金石文字印、肖形印完全一致，刻制有难度，技艺更讲究。

木刻肖像印《世界名人》 2016年

[肆]文化交流

中国传统印刷术作为中华古老的四大发明之一，如同水一般，有滋养万物的德行，向全世界传播文明。木版水印技艺就似一股清流，成为国际交流的文化精品。

1759年，《十竹斋书画谱》传入日本，所采用的饾版、套色印刷技艺也随之流传到日本，并对日本浮世绘文化产生很大的影响。

1760年，日本京都出版商菱屋孙兵卫首次在日本翻印《十竹斋书画谱》。

1878年，日本大阪书商前川山兵卫于清嘉庆二十二年（1817）翻刻《十竹斋书画谱》。此后，日本书商于十九世纪末又相继出版三个重印版本的《十竹斋书画谱》（其中两部是部分重印）。

1916年，日本图画刊行会印行《十竹斋书画谱》。

1922年，德国出版商出版《中国版画》（德文版），作者为朱利叶斯博士（Dr. Julius Kurthy）。书中收录并介绍《十竹斋书画谱》《芥子园画传》中部分作品及其他中国古代木版水印作品36幅。

1939年，北原义雄于日本东京出版发行《十竹斋书画谱》五色套印本，共一函16册。

1947年，瑞士Holbein出版社出版《十竹斋笺谱》（德文版），此书与同时期其他海外出版的笺谱及画谱有所不同，装帧为单册盒装，加古朴的夹板装订。夹板用特制纸板，收口处布扎。除扉页、版权页外，整套笺谱共24帧篇幅，凸显明代十竹斋木版水印的技艺与荣耀。

1951年，瑞士巴赛尔出版商出版《十竹斋书画谱》（英文版）。

海外出版商的行为对推动木版水印在世界的传播起到了积极作用。

在国内，自中华人民共和国成立后，在政府的大力支持与呵护下，在几代艺术家、工匠的不懈传承、传播下，木版水印技艺走向更广阔的舞台。

1952年，在时任文化部文物管理局局长郑振铎先生倡导下，重印《十竹斋笺谱》300部，除出口美国40部外，其余全被日本雪江堂书店高价买断。

1956年，中央美术学院华东分院（现中国美术学院）版画系主任张漾兮派张玉忠、夏子颐等学生赴北京荣宝斋、上海朵云轩交流学习传统木版水印技艺，并在版画系成立了中国艺术专业院校中最早的木版水印工作室。

1958年，浙江美术学院水印工厂成立，时任院长潘天寿先生亲笔题写厂名。此后，水印工厂翻刻和复制了一大批古代和当代书画名作，在写意水墨画的复制中多有技术创新，使浙江美术学院水印工厂写意水墨画复制技术达到国内先进水平。从此，浙江美术学院水印工厂成为国内木版水印三大基地之一。

之后，在"文化大革命"时，木版水印的发展受到阻滞。

直到1978年以后，木版水印又得到了恢复，水印工厂更名为"西湖艺苑"，木版水印呈现出一片欣欣向荣的景象。西湖艺苑重新翻刻《十竹斋印谱》《潘天寿常用印集》《吴昌硕常用印集》等20余种印谱。木版水印工艺受到人们的关注。

1981年，上海朵云轩花费了整整两年时间遍访国内8大城市的相关单位，寻访到明版《十竹斋书画谱》。又历时两年多，据此精心刻版1700余块，手工套印4万余次，终于成功印制《十竹斋书画谱》。在1989年德国莱比锡国际书籍艺术博览会上，《十竹斋书画谱》从91个国家的万余种送展书籍中脱颖而出，获得当届大展最高奖——国家大奖。

1987年，中国台湾广文书局影印出版《十竹斋书画谱》，该书由陈立夫先生题签，宣纸影印，印制精良。

1995年，中国台湾发行《十竹斋书画谱》邮票，一套12枚，

十竹斋书画谱邮票首日封（续一）
Ancient Chinese Engraving Art
Postage Stamps (Continued I) F.D.C.

台湾地区发行的十竹斋书画谱邮票首日封

分花卉类、翎毛类、梅兰竹类及蔬果类四组。后在1998年又发行第二版。

2001年，魏立中创办杭州十竹斋艺术馆。该馆兼具美术馆、艺术创作中心和人才培养基地三项职能，通过收藏流落海外与失散民间的文物，搜集相关史料支持学术研究，定期举办展览与体验活动，提供专业课程和奖学金以培养水印木刻技术传承人等手段来达到传承技艺的目的，并创作印制《西湖十景水印笺谱》《一团和气图》《金刚般若波罗蜜经》《唐玄奘西行》等佳作。

西湖十景水印信笺

2009年，魏立中创作的《申城新瑞图》代表浙江省参加深圳文博会并获一等奖。

2009年，魏立中携"古印刷术"参加中国杭州非物质文化遗产暨中华老字号展并获金奖。

2011年5月，魏立中携木版水印作品《富春山居图·剩山图》参加"富春合璧 两岸同缘"台北故宫博物院非物质文化遗产展。

2011年，《西湖十景》木版水印系列作品成为杭州市委宣传部赴巴黎参加联合国教科文组织"西湖申遗"时的指定礼品。

2011年10月，中国美术学院主办的"十竹斋木版水印艺术文献作品展"在中国美术学院美术馆举行。同时，在中国美术学院版画系设立"魏氏木版水印奖学金"。

2013年11月，由中国国家图书馆、中国非物质文化遗产保护中心主办，杭州十竹斋艺术馆承办的"十竹斋木版水印艺术文献作品展"在中国国家图书馆古籍馆举行，展示从明代至今木版水印技艺走过的历程和在当代的最新发展。同年12月，杭州十竹斋艺术馆被选定为国家级非物质文化遗产保护研究基地。当月，杭州十竹斋艺术馆创作印制的沈鹏草书《兰亭序》木版水印作品被中国国家图书馆收藏。

2014年8月，中国国家图书馆"十竹斋木版水印培训班"开班授课。同年11月，杭州木版水印作品在印度新德里国家美术馆展出。当

十竹斋木版水印作品参加西班牙马德里国际旅游博览会。西班牙国王费利佩（Felipe）和王
后莱蒂西亚（Letizia）参观并收藏由魏立中创作的《白娘子与许仙》藏书票

年，适逢中法建交50周年，魏立中参加法国普罗万中世纪文化节，并
展示木版水印。

　　2015年6月，杭州木版水印作品在德国纽伦堡工业印刷博物馆
展出。10月，联合国日内瓦办事处在总部瑞士万国宫举行"联合国开
放日——暨联合国成立七十周年纪念活动"。在这次活动中，中国常
驻联合国代表团与联合国日内瓦办事处共同主办"善本丹青·中国
传统视觉平面艺术展"。杭州十竹斋艺术馆应邀携《紫气东来》等
木版水印作品在艺术展上亮相，并在现场举行演示和体验活动。当

"十竹斋水印艺术" 精品文献作品在日内瓦万国宫首次亮相

月，魏立中的《廿四节气》水印版画在中国典籍博物馆作为国礼赠送给当时的新加坡总统陈庆彦。

2016年，魏立中参加卡塔尔中卡文化节、蒙古文化周，展示木版水印技艺；又应邀赴丹麦哥本哈根大学、比利时布鲁塞尔自由大学，参加木版水印展览并进行学术交流。同年7月，国家艺术基金资助项目"十竹斋木版水印专业艺术人才培养"在杭州十竹斋艺术馆开班授课。

2017年2月，"十竹斋·中国印刷术的活化石"木版水印作品展在英国王储传统艺术学院、英国诺丁汉特伦特大学举办。

2017年6月，原文化部举办庆祝香港回归20周年庆典。十竹斋木版水印作品借庆典之机在香港中央图书馆展出。香港市民则在展览上体验了十竹斋木版水印技艺。

2017年6月，杭州十竹斋木版水印作品参加"一带一路"世博会，亮相哈萨克斯坦·阿斯塔纳世博会中国馆。

2017年9月，杭州十竹斋木版水印作品参加肯尼亚内罗毕国际图书展。

2017年10月，应法国巴黎联合国教科文组织总部之邀，杭州十竹斋艺术馆馆长、杭州木版水印代表性传承人魏立中走进法国圣日耳曼昂莱的让·穆兰小学，为当地学生带来一堂木版水印技艺兴趣课。课堂上，魏立中结合其作品《廿四节气》，向学生们讲解木版水印的历史、制作工艺、欣赏方法等，并让学生亲身体验，制作水印作品。

2017年12月，杭州十竹斋木版水印作品在德国柏林中国文化中心交流。

2017年12月，杭州十竹斋木版水印作品在法国巴黎塞努奇亚州博物馆交流。

2018年4月，开始实施国家艺术基金交流传播推广支持项目"中国印刷术的活化石——十竹斋水印木刻艺术作品展"。

十竹斋艺术馆北京分馆

2018年起，杭州十竹斋木版水印作品在中国美术馆、四川美术馆、江西美术馆、浙江美术馆进行巡回展。

2018年6月，在英国伦敦王储传统艺术学院设立"华韵十竹斋木版水印奖学金"。

[伍]理论著述

1957年，著名美术史论家王伯敏先生的论文《胡正言及其十竹斋水印木刻》发表于《美术研究》1957年03期。

1957年，鲁耕著《荣宝斋的木版水印画》，朝花美术出版社出版发行。

1961年，荣宝斋编著的《中国木版水印画目录》在香港发行。

1962年，王伯敏著《中国版画史》，上海人民美术出版社出版发行。

1979年，北京工艺品进出口公司编印《中国木版水印》。

1982年，上海书画出版社编印《中国画艺术丛集2·朵云（关于木版水印）》。

1987年，张和平著《木版水印书画选编》，由北京荣宝艺苑广告艺术公司编印。

1987年，南京十竹斋艺术研究部编著出版发行《十竹斋研究文集》，同时，纪念《十竹斋书画谱》刊行三百六十周年学术研讨会在南京召开。

1989年，中国国际书店出版发行《中国木版水印画》。

1990年，孙日晓、马秀英编著《中国木版水印技法》，天津人民美术出版社出版发行。

1990年，荣宝斋编印《荣宝斋木版水印书画选编》。

1991年，王伯敏主编《中国美术全集（绘画编）·版画》，上海人民美术出版社出版发行。

1997年，上海书画出版社出版发行《朵云轩木版水印艺术》。

1998年，周心慧主编《中国古代佛教版画集》，学苑出版社出版发行。

1999年，郑振铎编著《中国古代木刻画选集》，人民美术出版社出版发行。

1999年，冯鹏生著《中国木版水印概说》，北京大学出版社出版。该书是一部立足史料兼及雕版技艺，并评述版画发展概要的学术著作，堪称目前版画研究集大成之作。

2002年，王伯敏著《中国版画通史》，河北美术出版社出版发行。

2002年，郑振铎著《中国古代木刻画史略》，上海书店出版社出版发行。

2008年，中国版书全集编辑委员会编《中国版画全集》，紫禁城出版社出版发行。

2009年，孙世亮编著《木版画教程》，河北美术出版社出版发行。

2010年，周亮的学术论文《明代徽派版画对武林版画的影响及武林版画新的风格确立》在《江南大学学报》上发表。

2011年，王宗光编《木版水印》，荣宝斋出版社出版发行。

2011年，魏立中、谢辰生编印《传承·十竹斋木版水印工坊》。

2012年，郑振铎著《中国版画史图录》，中国书店出版社出版发行。

2012年，曲刚、姚凤林著《荣宝斋木版水印》，北京美术摄影出版社出版发行。

2013年，周亮编著《武林古版画》，江苏美术出版社出版发行。

2013年，魏立中主编《十竹斋》，中国美术学院出版社出版发行。

2016年，王雯雯、刘童著《北京荣宝斋木版水印技艺研究》，文化艺术出版社出版发行。

2016年，赵前、魏立中著《饾版风华》，浙江摄影出版社出版发行。该书为国家级非物质文化遗产保护研究基地课题项目研究成果，对中国十竹斋木版水印技艺做了全面记叙。

后记

　　现代科技具有一种发展加速度，它越来越快地改造着传统手工技艺，新的技艺将首先从实用效率上超越旧的，这毫无疑问。一切在历史中产生的东西，也一定会在历史中变迁，我们可以记录它，而无法阻止它永远不停地嬗变。譬如木版水印技艺，其发生、成熟、式微以及复兴，自有人文环境、科技水平等社会历史条件使然，它不是横空出世的，它也不是一成不变或永盛不衰的，它同样不会停滞不前。木版水印技艺在隋唐发端，到明末清初形成技艺高峰，其间不用人为刻意地干预进程，而发生得自然而然，水到渠成，实现着自我生存所必需的自我完善。在科技日新月异的今天，在社会生态环境与数百年前迥异的今天，传统的木版水印技艺发生流变，同样也具有合理性：首先，它在印刷工艺上的实用意义已经不是不可替代的了；其次，它在版画艺术上的观赏性也需要与时俱进地和新时代审美价值对接。具体表现在技艺方面，今天有些艺人采用胶泥替代灯火烘烤的膏药泥而更觉方便有效；或用电子扫描原稿来替代手工勾描而更具备精确度；或用丙烯等水溶性化工颜料替代传统颜料而使色彩更鲜艳。虽然直接用电脑机雕木版还受到铣刀螺旋运转的刀法局限，远非手握拳刀那样爽利和灵动，但是，在"阿尔法元"已经攻陷国际象棋界的今天，很难望见现代印刷的技术边际，很难断言现代技艺不会从诸多方面超越上来。

　　然而，正如高压锅食物虽然能果腹，却怎么也替代不了大厨烹饪的滋味，以及那过程中的一份期待。正如人类不仅仅依靠摄入蛋白质、维生素等维持生存，我们更关心食物色香味的感觉，在乎与亲朋好友聚餐的欢乐，等等。现在，我们记录传统的杭州木版水印技艺，正是以不息的人文情怀向人类共同的文化遗产表达敬意，并像保存种子一样保护它，期待它穿透土层，在现代化的社会生态条件下，继续它的健壮生长、自我完善，期待它开出更美丽的花朵，结出更丰硕的果实。

　　本书编写中获得王其全、李虹老师的精心指点，获得盛洁老师的大力帮助，在此表示感谢！

编著者

责任编辑：盛　洁

装帧设计：薛　蔚

责任校对：高余朵

责任印制：朱圣学

装帧顾问：张　望

图书在版编目（ＣＩＰ）数据

杭州木版水印技艺 / 陈冬云, 魏立中编著. —— 杭州:
浙江摄影出版社, 2019.6（2023.1重印）

（浙江省非物质文化遗产代表作丛书 / 褚子育总主
编）

ISBN 978-7-5514-2461-5

Ⅰ.①杭… Ⅱ.①陈… ②魏… Ⅲ.①木版水印—介
绍—杭州 Ⅳ.①TS872

中国版本图书馆CIP数据核字(2019)第098419号

HANGZHOU MUBAN SHUIYIN JIYI

杭州木版水印技艺

陈冬云　　魏立中　编著

全国百佳图书出版单位

浙江摄影出版社出版发行

地址：杭州市体育场路347号

邮编：310006

网址：www.photo.zjcb.com

制版：浙江新华图文制作有限公司

印刷：廊坊市印艺阁数字科技有限公司

开本：960mm×1270mm　1/32

印张：6.25

2019年6月第1版　　2023年1月第2次印刷

ISBN 978-7-5514-2461-5

定价：50.00元